室内设计师.53
INTERIOR DESIGNER

图书在版编目(CIP)数据

室内设计师. 53，中国建筑新浪潮 /《室内设计师》编委会编．— 北京：中国建筑工业出版社，2015.7
ISBN 978-7-112-18298-5

Ⅰ. ①室… Ⅱ. ①室… Ⅲ. ①室内装饰设计－丛刊②建筑设计—作品集—中国—现代 Ⅳ. ① TU238-55 ② TU206

中国版本图书馆 CIP 数据核字 (2015) 第 163794 号

室内设计师 53
中国建筑新浪潮
《室内设计师》编委会 编
电子邮箱：ider2006@qq.com
网 址：http://www.idzoom.com

中国建筑工业出版社出版、发行（北京西郊百万庄）
各地新华书店、建筑书店 经销
上海雅昌艺术印刷有限公司 制版、印刷

开本：965 × 1270 毫米 1/16 印张：11½ 字数：460 千字
2015 年 8 月第一版 2015 年 8 月第一次印刷
定价：40.00 元
ISBN 978 -7 -112 -18298 -5
（27556）

目录

CONTENTS

VOL.53

逝去的大师
——纪念贾雅·易卜拉欣

撰 文 | 王受之

2015 年 5 月初，突然收到消息，说印度尼西亚室内设计师贾雅·易卜拉欣（Jaya Ibrahim，1948-2015）半夜在雅加达家里的楼梯上失足撞到头部，不久后去世。就在我得知消息前不久，还住在他设计的武汉璞瑜酒店，看了他的设计，本想找机会认识一下设计师本人，聊聊他的设计思想。听到消息的时候，我真希望是误传，这个损失实在太大了。因为贾雅所做的是围绕本土化、民族化与现代化的设计探索，这也正是国际室内设计领域的热点话题。

1948 年，贾雅·易卜拉欣出生在印度尼西亚，母亲是爪哇公主，父亲是公务员也是外交官。他从小在印度尼西亚爪哇岛中南部城市日惹特区长大，家境富裕，跟随家人周游全世界，也在外祖母的影响下熟悉印尼、特别是爪哇的文化。贾雅在英国读完室内设计专业本科后，在阿努斯卡·汉姆帕尔（Anouska Hempel）设计事务所做了十年的室内设计项目。1993 年，他返回印尼。

据说，自 1995 年贾雅为母亲特别设计的新家（Cipicong）起，他就开始尝试做东西融合的室内设计。他说，这个项目“不为某个朝代或风格而设计，而为找出美丽和宁静”。设计出来之后，妈妈特别开心，从而促使他开始设计这类具有本土文化、令人感到舒适而温馨的室内空间，也开启了他精品酒店设计的动力。

贾雅·易卜拉欣和约翰·桑德斯（John Saunders）合作开设贾雅设计事务所，提供建筑设计、室内设计和相关产品的设计服务。这类复兴传统的设计风格立即引起国际设计界的重视。他曾被美国《建筑文摘》（Architectural Digest）杂志评选为 2002 年的“设计百强”，自此列入世界一流的室内设计师行列。

贾雅的设计，从室内设计分类的方式来看，应该属于“发展传统”（reinvent

tradition）类型。从字面来看，这类设计师就是重新探索传统形式的建筑空间和室内设计。他们的作品具有比较明显的运用传统、地方建筑的典型符号来强调民族传统、地方传统和民俗风格。这种手法更加讲究符号性和象征性，在结构上则不一定遵循传统的方式。从建筑上看，比较典型的例子包括 2007 年贝聿铭设计的苏州博物馆，1996 年泰国布纳格设计事务所在缅甸仰光设计的坎道基皇宫大旅馆（Kandawgyi Palace Hotel）等。这类设计都比较多地依靠传统、地方建筑形式的特色，而建筑设计的对象也往往是博物馆、度假旅馆这类比较容易发挥传统、地方特色的建筑。贾雅的设计在这个浪潮中是非常显著和杰出的。

本土化、民族化和现代建筑之间的结合探索，在过去的二十来年有了很大的发展。使建筑既具有现代建筑的结构、功能，同时在建筑的立面、空间布置、室内设计、装饰细节上采用了建筑所在国家、地区的民族、民俗传统的特点，使之成为具有民族性的现代建筑，这种探索由来已久，到 21 世纪也依然是一个很引人瞩目的探索和设计方向。有人称之为“地方主义”（Regionalism），或是“本土主义”（Localism）。

我曾住过的贾雅参与设计的作品，比如上海的璞丽酒店，是身处闹市中间的一所具有世外桃源感的中国式酒店，要做这样的设计实属不易，而贾雅做得非常精彩。他借由材料、家具、灯具，以及装饰品巧妙地将中国文化融合其中，让新与旧的设计感受并列，同时呈现出东、西方文化交融的独特风格。

璞丽酒店使用了通常被用在建筑外墙的上海灰砖作为内部装修建材之一，地砖是与北京故宫修复工程中一样的地面建材，非常传统。这家酒店的室内设计用符号化的中国形式，但是用得极为极端，比如在每间客房用龙麟纹木雕屏风与铸铜洗脸台，这种方法如果在水平不高的设计师手上会成为艳俗的内伤，而在贾雅的平衡下则显得很贴切。对于细节的讲究，而不仅仅是粗泛的模仿，这是他成功的重要原因之一。今年初我有事在武汉开会，武汉的室内设计师们安排我入住武昌珞瑜路

1077 号的璞瑜酒店。我去之前不知道这个酒店是贾雅设计的，进门时真有种惊艳的感觉，和上海的璞丽酒店具有异曲同工的巧妙。他的作品很容易辨认，酒店宣传说他是“雕琢奢华”，是“将度假胜地的感觉巧妙地融入于当代都会空间中，形成低调奢华和内敛雅致的现代触感，现代风格与复古主义相互融合，丰富的感官体验，让宾客沉浸在个人专属奢华所带来的全新感受中”。我的感觉是他在现代设计中努力探索一种地方化、民族化的新路。

他设计了一系列具有特色的酒店。杭州安缦法云酒店的室内设计，尽量从江南风格中吸取营养，结合室外的茶园、山林、流水，组成让人颇为惬意的环境；北京安缦颐和则完全采用北京皇家园林的风格设计，这个酒店在颐和园东门，由一系列院舍结集而成，包含了一些百年历史的建筑在内。安缦颐和的客房及套房设计汲取了传统中国皇家建筑特点，吸收了颐和园的庭院风格，气派完全不同。富春山居在杭州附近的富阳，是一个富春江畔的度假村，一派融入富春江的江南民居氛围，却又有内在的奢华。我看过以上这些酒店项目，十分佩服贾雅的设计：他设计的中国感觉比中国设计师更强烈，又没有简单堆砌符号的拙劣。

贾雅非常喜欢采用自然材料，重视材质的原生态特点，砖、石、木、竹在他手上被运用得淋漓尽致。在他所设计的酒店中见不到在国内泛滥的大理石，也没有炫耀的色彩和材质。设计讲究平衡对称的手法，更加注重对意境的追求：富春江的感觉、颐和园的感觉总是穿透性地得到呈现，弥漫在整个文雅的室内空间中。

贾雅的早逝留下巨大的遗憾，我曾经和一些室内设计师谈到他的作品，设计师一般都比较挑剔，任何作品往往都能够找出瑕疵来，但他们说贾雅属于极少数几个接近完美的设计师，他的作品几乎难以找出不满意的地方。这样说可能有人会认为言过其实，但是如果你去看看他设计的作品，或许会有与我一样的感受。END

中国建筑新浪潮

编　辑 | 徐明怡
撰　文 | 刘匪思

谈论中国建筑新浪潮，首先需要界定一个概念的划分，中国建筑，或是中国·建筑。前者意味着在建筑学领域出现一股新潮流，而后者则是概括了近年来在中国的建筑现象。

在本期策划的“中国建筑新浪潮”中，对于前者，以近两年来在中国完成的新建筑作品来呈现，对于后者则由建筑师本人撰写的建造过程向读者展示。

2002年，建筑评论家朱剑飞在中国建筑工业出版社出版、由王明贤、杜坚主编的“建筑界丛书”崔恺卷中，这样描述20世纪中国建筑的大叙事，“在今天中国出现的新的设计思想，实际上是对伟大叙事和学院派传统的反叛……1990年代的许多高层建筑和大尺度市政文化设施，如歌剧院等等，都在编织着新的伟大叙事。但是，突破确实发生了。”

随着时间的变迁，“突破”的方式也随之愈发多元。十余年间，各类创意经济形式的出现，在当下的建筑空间叙事背景下，空间“伟大叙事”的“反叛”早已不需要如同当年语境下的亟需得到的认可，建筑师对于空间叙事的掌握也随着他们思考与实践的递进而游刃有余。

在本期呈现的“中国建筑新浪潮”建筑项目中，选取了多样的空间类型，包括学校、码头、文化中心等公共文化设施，私人美术馆与博物院，旧厂房街区的改造空间，商业空间，以及厂房的设计等。在中国建筑建造规范的框架下，这些充斥着实验精神的空间叙事，与空间、结构、材料，以及当地自然和文化之间的对话，构成了当下建筑师对于中国建筑的思考。

作为浪潮背后推手的建筑师们，他们大多以工作室或者事务所形式的方式在中国执业营造建筑，而他们的这些建筑项目首次进入公众视野的传播方式，大多又以新媒体的形式出现，传播时间甚至早于传统媒体正式发布新闻之前，这些建筑空间以及建筑之外的要素同时也构成了中国建筑在当下的“新浪潮”语境。END

南戴河三联海边图书馆

SEASHORE LIBRARY, NANDAIHE

摄　　影 | 苏圣亮 夏至 何斌
资料提供 | 直向建筑

地　　点	中国南戴河
业　　主	天行九州旅游置业开发有限公司
设　　计	直向建筑
主持建筑师	董功
项目建筑师	梁琛
驻场建筑师	张艺凡、孙栋平
项目成员	刘智勇、陈玺兆、谢昕玫
结　　构	混凝土结构
材　　料	混凝土、竹钢、玻璃砖
建筑面积	450m²
设计周期	2014年2月~2014年7月
建设周期	2014年7月~2015年4月

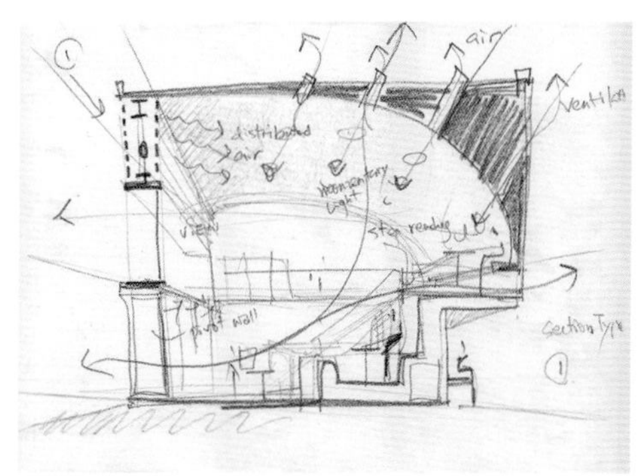

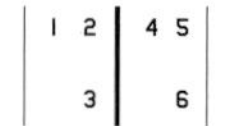

1 东南视角外观
2 草图
3 剖面模型
4 户外平台
5 西立面局部
6 由沙滩看向阅读空间

图书馆位于中国渤海湾海岸线上。该设计的主要理念在于探索空间的界限、身体的活动、光氛围的变化、空气的流通以及与海洋的景致之间共存关系。图书馆东侧面朝大海，在春、夏、秋三季服务于西侧居住区的社区居民，同时免费向社会开放。

设计是从剖面开始的，图书馆是由一个主要的阅读空间、一个冥想空间、一个活动室和一个小的水吧休息空间构成。我们依据每个空间功能需求的不同，来设定空间和海的具体的关系，来定义光和风进入空间的方式。

阅读空间

海，气象万千，随着季节的交替和时光的流动不断演变，像是一出以自然为主题的戏剧。于是我们把最重要的阅读空间理解为一个“看台”，逐渐升起的阶梯平台会让空间中不同位置的人更不受阻拦地看到海的景象。空间朝海一侧，一层是一道完全由玻璃旋转门组成的活动的“墙”。在天气好的时候，“墙”被完全转开，形成空间内部与海更直接的开放关系。这道活动的“墙”的上方，是一条横贯空间的水平海景视窗，成为整个空间看海的焦点。为了规避任何一个结构杆件对透明视窗的干扰，屋顶的荷载完全依赖视窗上方的钢桁架支撑。桁架内外两侧均为手工烧制的玻璃砖垒造而成的半透明的墙体，一方面使内部桁架结构若隐若现，另一方面，这种半透明性对光线的敏感，可以在一天中不同的时间，在建筑的内外，映射出不同光的颜色和氛围。

弧线的屋顶朝海的方向张开，暗示着空间的主题。同时，弧线也有助于实现屋顶在东西和南北两个维度上的结构的大跨度。屋顶上阵列设置的 30cm 直径通风井道，在天气允许的情况下可以电动开合，进一步带动室内空间流动。在一年当中的春、夏、秋，三个季节，从下午一点到四点左右，阳光会穿透这些细窄的风道，在空间中洒下慢慢游移的光斑。

冥想空间

冥想空间位于阅读空间一侧。相对于阅读空间的明亮、光线均质、开敞、公共，这个空间是幽暗的、有明确光影的、封闭和私密的。空间东西两端各有一条 30cm 宽的细缝和外部相联系，一条水平，一条垂直，太阳在早晨和黄昏透过缝隙，为这个空间投射出日晷般的光束。下凹的屋顶，进一步降低空间的尺度，而凹形的上方则形成一个户外平台空间。在这里，人可以听到海浪的声音，却看不到海。

活动室

活动室是一个相对孤立的空间，考虑到其内部活动有可能产生的声音干扰，它和阅读空间由一个户外平台分隔。顶棚上朝东的天窗和西墙上的高侧窗分别收纳一天中不同时间来自不同方向的光线。在空间中映射出同时出现的暖光和冷光交叠现象。

如果可以将这个房子沿南北长向剖开，就可以更清楚地察觉这一组空间各自诠释着每个空间与海的具体关系，而串联这一系列关系的要素，恰恰是人的身体在空间的游走和记忆。END

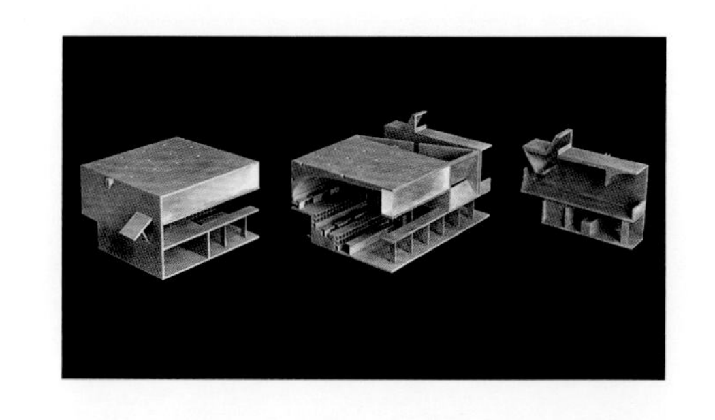

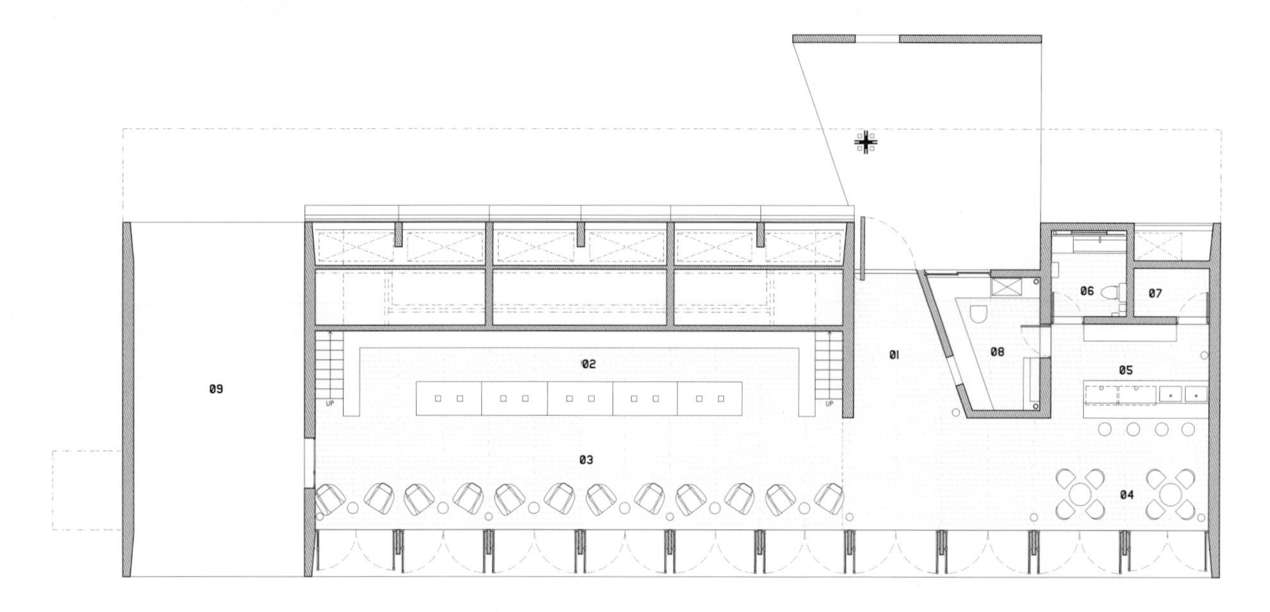

01 接待区
02 图书展览
03 阅览廊
04 休息区
05 吧台
06 厕所
07 储藏室
08 办公室
09 室外活动区

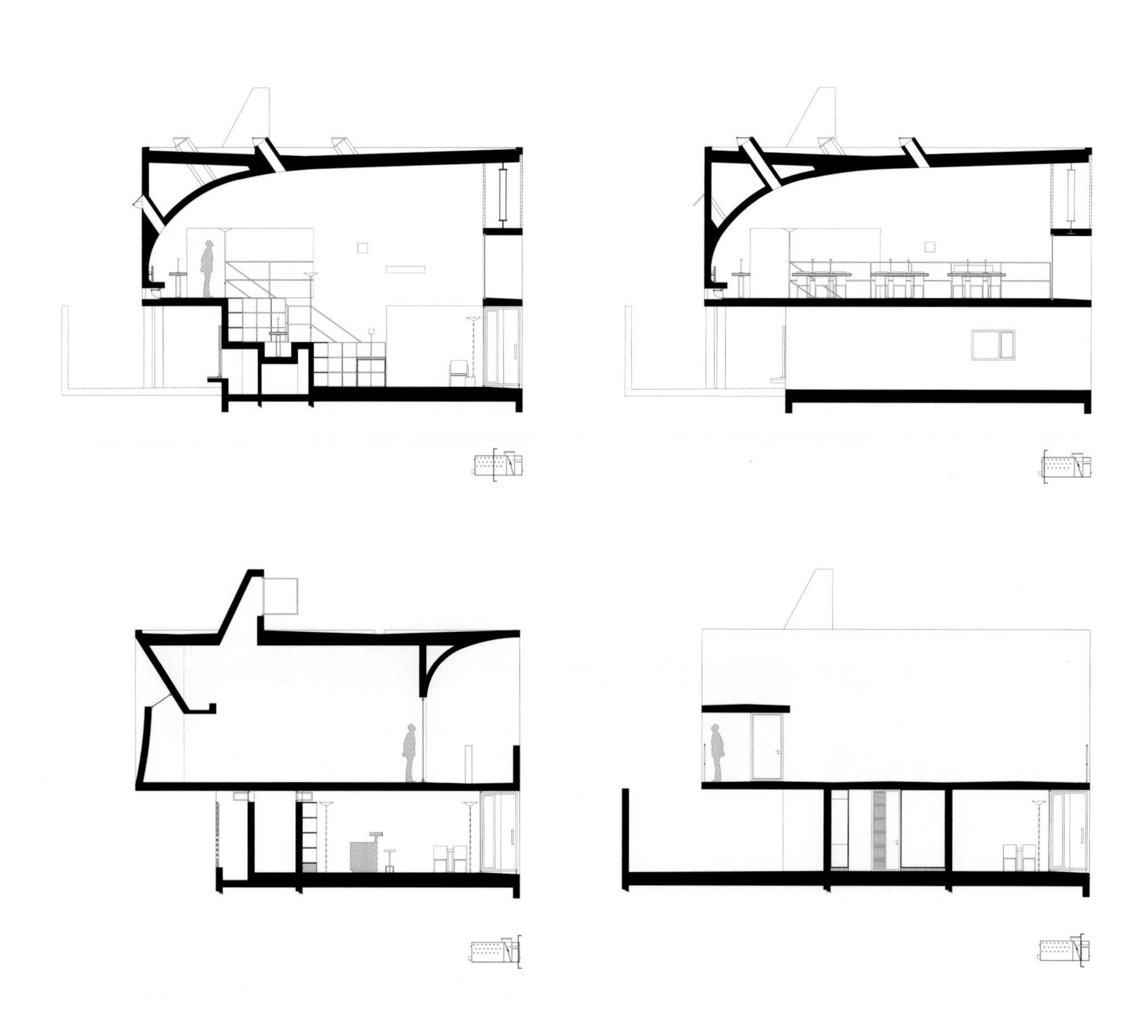

1 一层平面图

2-5 剖面图

6-7 阅读空间

1 活动室
2 户外平台
3 冥想空间
4 冥想空间屋顶

北京四中房山校区

BEIJING NO.4 HIGH SCHOOL FANGSHAN CAMPUS

摄　影	苏圣亮 夏至
资料提供	OPEN建筑事务所

地　点	中国北京市房山区长阳镇
建筑面积	57 773m^2
设计时间	2010年~2014年
设计单位	OPEN建筑事务所
主持建筑师	李虎 黄文菁
合作设计院	北京市建筑设计研究院有限公司
绿色建筑顾问	清华大学建筑学院
幕墙顾问	英海特工程咨询有限公司
照明顾问	莱亭迪赛灯光设计有限公司
声学顾问	深圳洛赛声学技术有限公司
结构顾问	建研科技股份有限公司
标识设计	北京天树文化艺术传播责任有限公司

1 楼梯
2 俯视

这个占地4.5hm^2的新建公立中学位于北京西南五环外的一个新城的中心，是著名的北京四中的分校区。新学校是这个避免早期单一功能的郊区开发模式、追求更加健康和可持续的新城计划中重要的一部分，对新近城市化的周边地区的发展起着至关重要的作用。

创造更多充满自然的开放空间的设计出发点——这是今天中国城市学生所迫切需要的东西，加上场地的空间限制，激发了我们在垂直方向上创建多层地面的设计策略。学校的功能空间被组织成上下两部分，并在其间插入了花园。垂直并置的上部建筑和下部空间，及它们在“中间地带”（架空的夹层）以不同方式相互接触、支撑或连接，这既是营造空间的策略，也象征了这个新学校中正式与非正式教学空间的关系。

下部空间包含一些大体量、非重复性的校园公共功能，如食堂、礼堂、体育馆和游泳池等。每个不同的空间，以其不同的高度需求，从下面推动地面隆起成不同形态的山丘并触碰到上部建筑的“肚皮”，它们的屋顶以景观园林的形式成为新的起伏开放的“地面”。上部建筑是根茎状的板楼，包含了那些更重复性的和更严格的功能，如教室、实验室、学生宿舍和行政楼等。它们形成了一座巨构，有扩展、弯曲和分支，但全部连接在一起。在这个巨大的结构中，主要交通流线被拓展为创建社交空间的室内场所，就像一条河流，其中还包含自由形态的“岛屿”，为小型的群组活动提供半私密的围合空间。教学楼的屋顶被设计成一个有机农场，为36个班的学生提供36块实验田，不仅让师生有机会学习耕种，还对这片土地曾作为农田的过去留存敬意。

两种类型的教育空间之间的张力，及其各自包含的丰富的功能，造就了令人惊讶的空间的复杂性。为每类不同的功能所做的适合其个性的空间，使得这个功能繁杂的校园建筑具备了城市性的体验。与一个典型的校园通常具有的分等级的空间组织和用轴线来约束大致对称的运动不同，这个新学校的空间形式是自由的、多中心的，可以根据使用者的需求从任意可能的序列中进入。空间的自由通透鼓励积极的探索并期待不同个体从使用上的再创造。希望学校的物理环境能启发并影响当前中国教育中一些亟需的变化。

这个项目的一个目标是成为中国第一个绿色三星级的学校（其标准超过LEED金级认证）。为了最大化地利用自然通风和自然光线，并减少冬天及夏天的冷热负荷，被动式节能策略几乎运用在设计的方方面面中，大到建筑的布局和几何形态，小到窗户的细部设计。地面透水砖的铺装和屋顶绿化有助于减少地表径流，三个位于地下的大型雨水回收池从操场收集宝贵的雨水灌溉农田和花园。地源热泵技术为大型公共空间提供了可持续能源，同时独立控制的VRV机组服务于所有单独的教学空间，确保使用的灵活性。整个项目使用了简单、自然和耐用的材料，如竹木胶合板、水刷石（一项正在消失的工艺）、石材和暴露混凝土等。

在中国当前的环境下，可以说最迫切的问题和挑战就是人与社会之间以及人与自然之间的关系，而教育承担着巨大的责任。面对这些问题，我们以这个新校区项目作为试金石和力所能及的回应。END

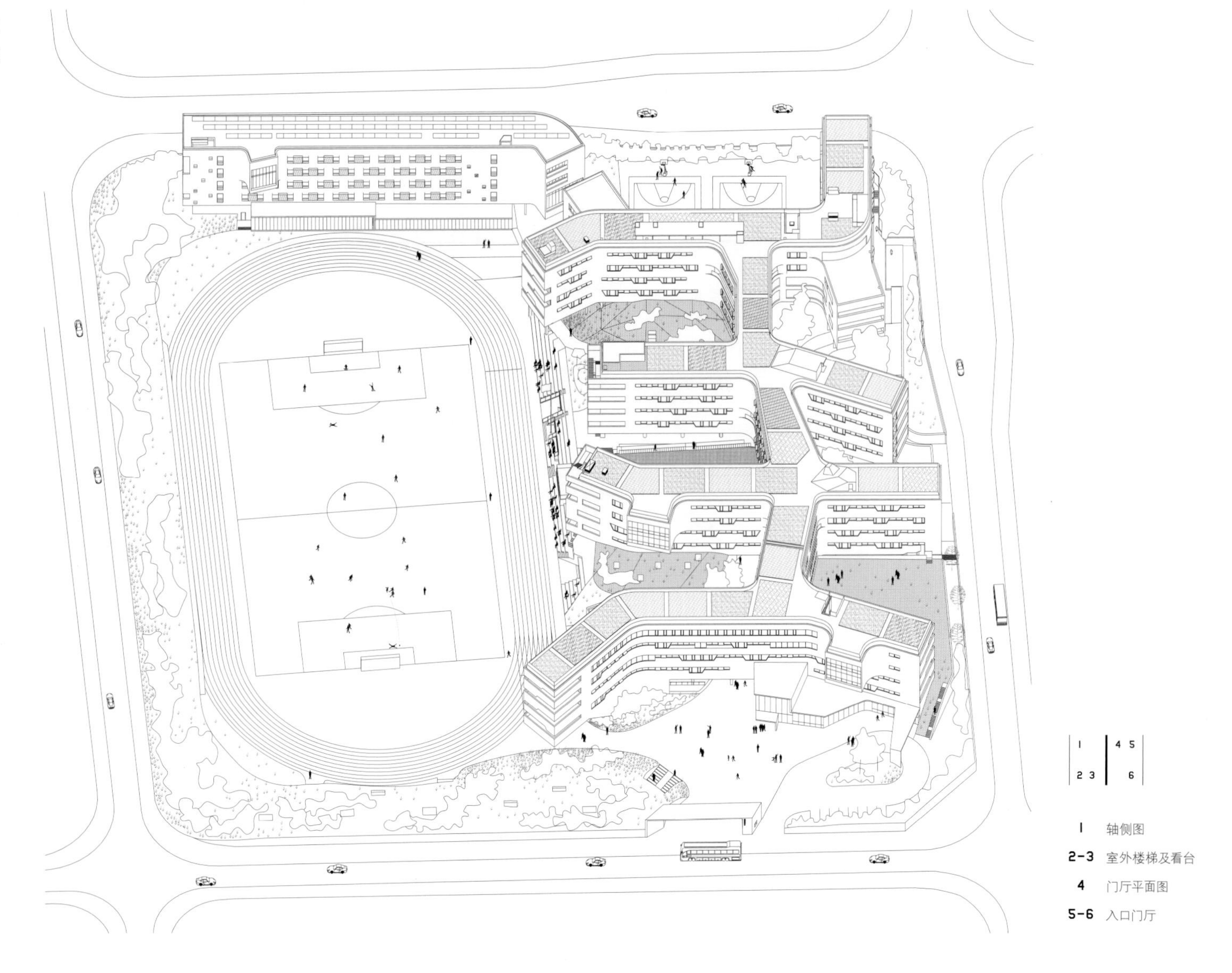

1	4 5
2 3	6

1 轴侧图

2-3 室外楼梯及看台

4 门厅平面图

5-6 入口门厅

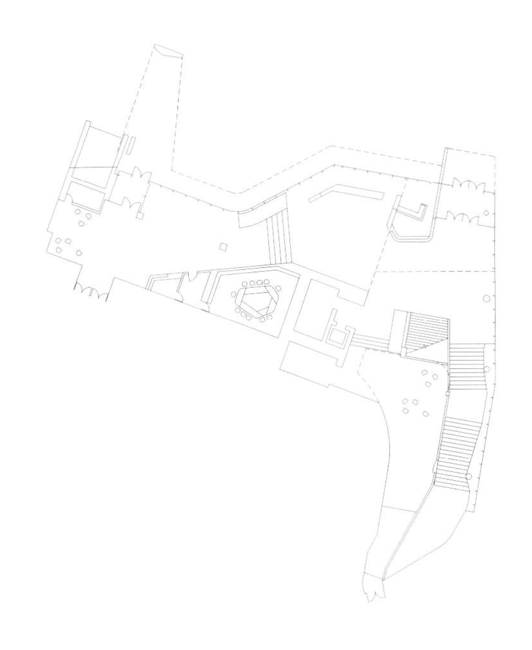

1 舞蹈教室及花园

2 竹园

3 食堂

4 东立面图

5 剖面图

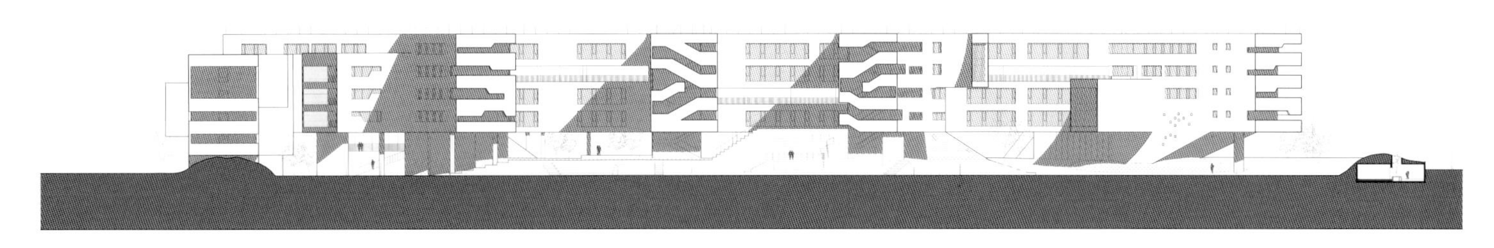

0 2 5 10 20m

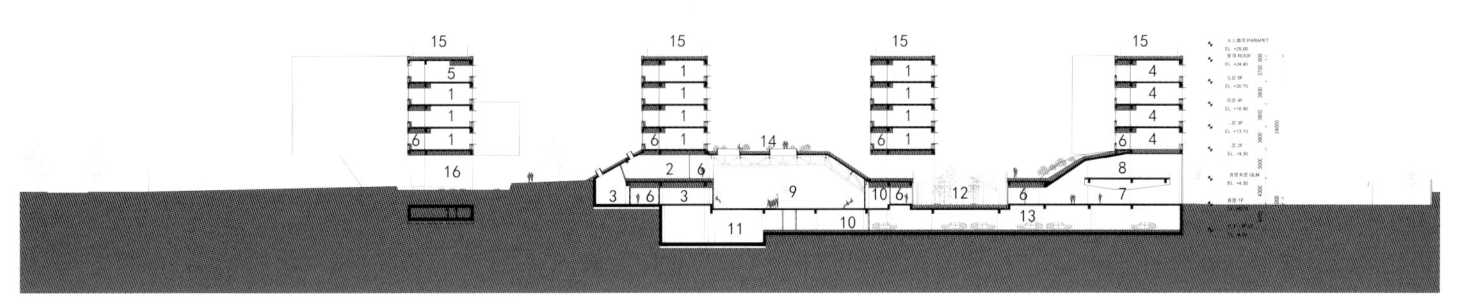

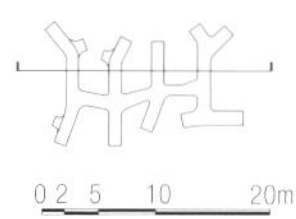

0 2 5 10 20m

1 教室
2 音乐教室
3 技术教室
4 实验室
5 图书馆
6 走廊
7 学生餐厅
8 教室餐厅
9 风雨操场
10 储存室
11 设备用房
12 竹园
13 车库
14 庭院
15 农田
16 水池

天台第二小学
TIAN TAI NO.2 PRIMARY SCHOOL

资料提供 | 零壹城市建筑事务所

建筑设计	零壹城市建筑事务所
项目地点	中国浙江天台
设计团队	阮昊、詹远、Gary He、金善亮、陈利娜
设计时间	2012年
施工时间	2013年~2014年
项目面积	10 190.36m²
图片版权	零壹城市建筑事务所
合作单位	浙江大学城乡规划设计研究院

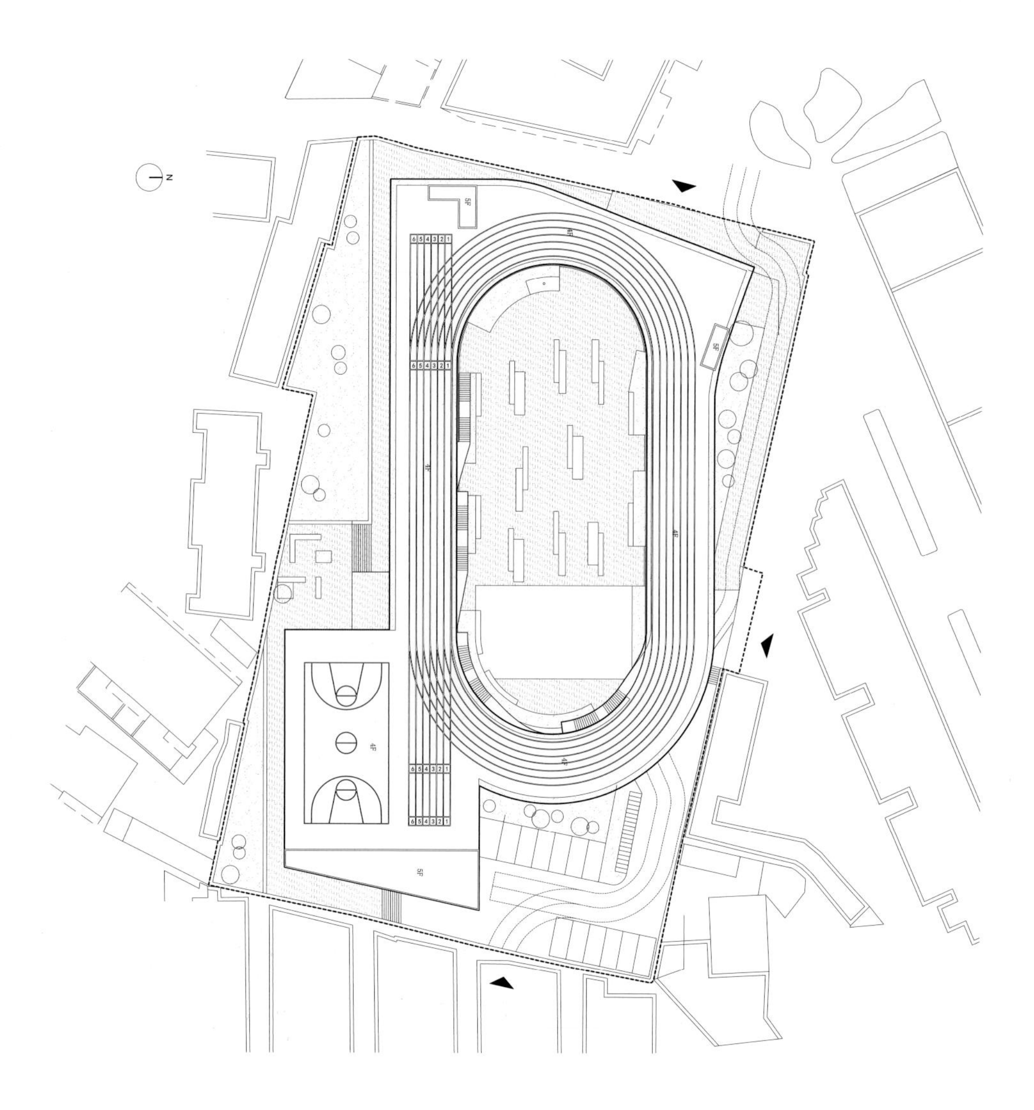

1 场地平面图
2 学校入口
3 操场
4 学校内景
5.6 剖面图

天台第二小学是一所将 200m 环形跑道置于多层建筑屋顶的小学教育建筑。这一充满智慧的概念缘于场地极为有限的用地面积：将 200m 的标准跑道放置在屋顶上，从而为学校在地面上赢得了额外的 3000m² 的公共空间。如果按照常规的方式将操场建在教学楼一旁，200m 环形跑道将占去 40% 的用地，校园会变得非常局促；但学生又需要一个操场能够运动，于是这种操场置顶的设计让学生可以尽情奔跑尽情欢乐。同时，椭圆型的教学楼给学生们带来了一种内向性的安全感。跑道放置在屋顶的处理令建筑层数能按照要求控制在四层，而且跟周边建筑关系更为和谐。为了提供更多可用的绿色庭院空间，建筑体块旋转至跟场地边界线产生 15° 角，从而在建筑外部与场地边界之间创造数个小广场空间。

楼顶操场跑道的边护栏一共有三层，最外层是 1.8m 高的钢化玻璃防护墙，中间层为 50cm 的绿化隔离带，第三道防护是 1.2m 高的不锈钢防护栏，确保学生安全。对于噪音问题，在塑胶跑道下每隔 50cm 安装一个弹簧减震器，通过双层结构的方式再进行一次减震，楼顶的整个跑道就像是一个悬浮跑道，这也巧妙地解决了共振问题。天台第二小学的设计着重处理建筑与场地、场地与城市、形态与功能之间的关系，非常有效地解决了老城区用地面积不足的问题。END

C-C 剖面图

1 普通教室
2 走廊
3 办公室
6 餐厅
9 总务仓库
10 门卫
12 音乐教室
16 报告厅
20 休闲区

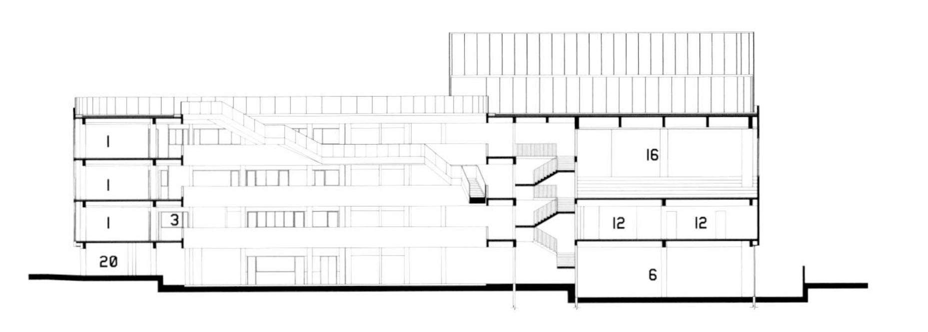

B-B 剖面图

同济大学浙江学院图书馆

ZHEJIANG CAMPUS LIBRARY, TONGJI UNIVERSITY

摄　影	页景
资料提供	致正建筑工作室

建 筑 师	张斌、周蔚/ 致正建筑工作室
主持建筑师	张斌
项目建筑师	陆均（方案设计）、袁怡（初步设计、施工图设计）、王佳绮（室内设计）、何茜（景观设计）
设计团队	李姿娜、王瑜、黄伟立、毕文琛、刘莉、叶周华、顾天国、仇 畅、石楠、李晨、黄瑶、游斯佳
设计单位	同济大学建筑设计研究院（集团）有限公司
地　点	浙江省嘉兴市同济大学浙江学院
设计时间	2008年12月~2013年12月
建造时间	2010年8月~2014年10月
基地面积	13 015m^2
建筑面积	30 840m^2
结构形式	钢筋混凝土框架剪力墙结构
主要用材	透明水性氟碳涂装清水混凝土、黑色抛光混凝土、干挂花岗石材、平板玻璃、烤漆玻璃、镜面不锈钢板、穿孔镜面不锈钢板、烤漆铝板及铝型材、型钢、PVC膜材、水磨石地面

1 图书馆西南外观
2 图书馆东侧外观

图书馆位于浙江学院校区东西向主轴线正中的一块由环路围绕的圆形场地上，西侧正对校园主入口，南侧及东侧有河道蜿蜒而过，并通过两座桥梁与对岸相连。图书馆在校园规划中的核心位置以及它所需的体量决定了它是整个校园中唯一的“纪念物”，而这种纪念性将使它能支撑起这个校园的空间结构。这样的外部要求使我们坚决地将图书馆的体型定义为一个完整的立方体，如一颗方印落在校园的中心位置，以“独石”的姿态嵌固在圆形的微微隆起的场地中，只有西侧的主入口前厅以及东侧盖住后勤入口的室外草坡及小报告厅从独石中伸展出来。西、东两侧的主次入口前空间如同隆起场地中整理出的堑壕一般将人引入建筑内部。而如何在校园中营造一块足够开放的独石就成为设计的核心挑战。

图书馆的方形体量其实是由南北两侧相对独立的两栋板式主楼和它们之间的半室外开放中庭组成。中庭的底部从地下层至三层横亘着一条由一系列大台阶和绿化坡地组成的往复抬升的地形化的景观平台，沿东西方向伸展，将门厅、咨询出纳、大小报告厅、展厅和低层的综合阅览空间等主要公共部分组织在一起。这个半室外中庭是室内外连成一体的，它既能经由西侧架在水池上的主入口通过门厅到达，又可从东侧延伸到河边桥头的室外绿坡直接走到二层平台自由进入。景观平台的上方在东西两侧的不同高度分别设置了数组斜向四边形断面的透明或半透明管状连接体联系南北两侧，内部布置为电子阅览区或会议、接待空间。这使居于建筑内部深处的中庭空间维持了足够的开放度，可以成为校园主轴线上的重要公共空间，它既串联了建筑内外，又在建筑内部提供了依托于中庭体验的多种场所空间。

建筑沿垂直方向分为三大功能区：一至三层及地下层的公共部分；四至八层全部为复式开架的专题阅览部分；九层、十层分别为研究室和社团活动室，以及带有空中庭院的校部办公室。地下层在南北两侧与圆形土丘相接处设置了通长的下沉采光及通风庭院，以改善地下室的气候条件。开放式中庭顶部设有电动开闭屋盖，借“烟囱效应”有效控制中庭内的空气流动，增进了整个建筑内的自然采光通风，同时保证了中庭内部的气候可控。设计意在通过对开放式中庭和立体景观系统的设置，在建筑中实现一个形态立体化、功能多元化的绿色生态环境和公共交流空间。

立面与材料处理延续了建筑整体上简洁与复合并举的特征。东西立面为暖灰色的石材幕墙与石材百叶的组合，使实体的山墙面与中庭的半透明围护面相统一；南北立面除东西两侧包裹空调机平台的扩张铝网板外，其余都是带有水平不锈钢遮阳板的玻璃幕墙；开放式中庭上空悬浮的南北连接体量外包不锈钢板或玻璃；地形化景观平台的侧墙采用手工抛光的黑色混凝土，并与黑色水磨石的台阶、平台铺装相统一；室内的核心筒和柱子等结构构件均为混凝土的真实表露。END

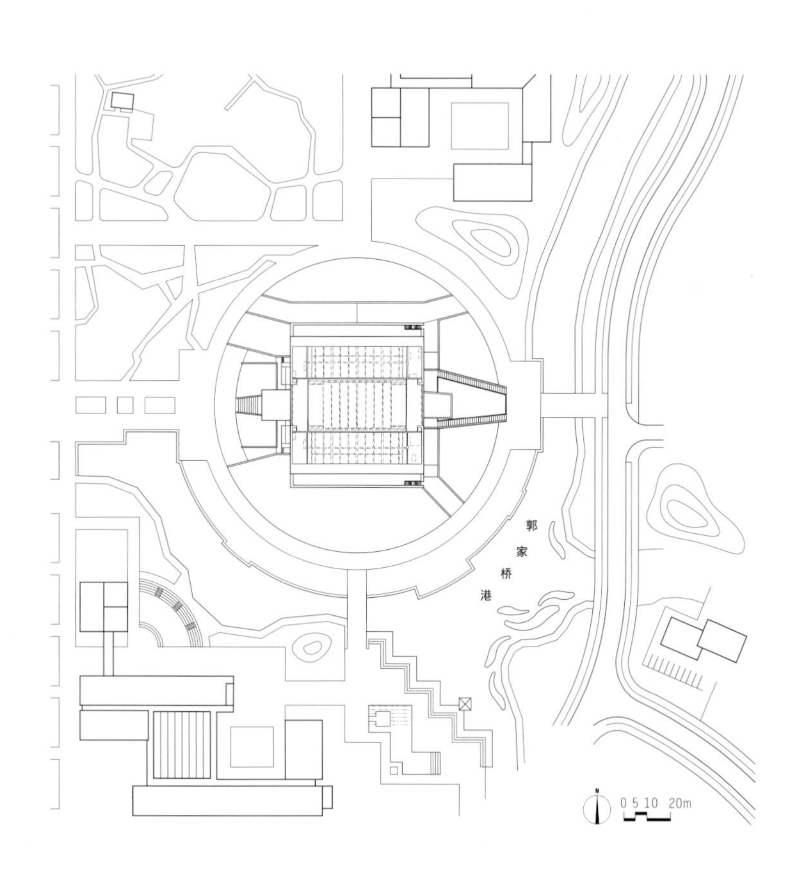
郭
家
桥
港
0 5 10 20m

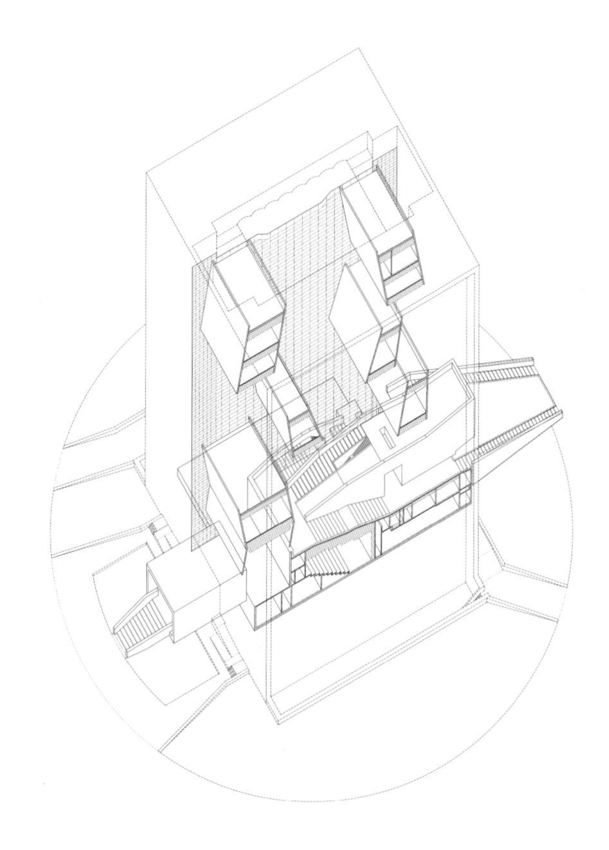

1 中庭

2 平面图

3 轴测剖视图

4 模型剖面

5 景观大台阶

6 门厅

| 1 | 2 3 / 4 |

1 入口

2 十层室外螺旋楼梯

3 开架阅览室

4 地下一层大台阶

范曾艺术馆
FAN ZENG ART GALLERY

摄　影	姚力、苏圣亮
资料提供	原作设计工作室

地　点	江苏省南通市南通大学
设计单位	同济大学建筑设计研究院（集团）有限公司 原作设计工作室
主创设计	章明、张姿、李雪峰、孙嘉龙、张之光、苏婷
设计时间	2010年11月~2013年1月
建成时间	2014年9月
建筑面积	7 028m²

范曾艺术馆是为满足范曾大师书画艺术作品以及南通范氏诗文世家的展示、交流、研究、珍藏的需要而建造的。

范曾艺术馆以传统的空间的“院”为切入点，将院落从物化关系中脱离，继而呈现游目与观想的合一，以期达到“得古意而写今心”的意境。

范曾艺术馆强调的“关系的院”，首先表现在同时呈现的三种不同的院落形式：建筑底层的“井院”，建筑二层南北穿通的“水院”与“石院”，建筑三层四边围合的“合院”。并在此基础上构架起以井院、水院、石院、合院为主体的叠合的立体院落。“叠合院落”的初衷是期望在受限的场地上化解建筑的尺度，将一个完整的大体量化解为三个更局部的小体量，这更便于我们以身体尺度完成对院落的诠释。我们从类似于网格化的控制体系以及整合全局的大秩序中脱身出来，从局部的略带松散的关系开始。就像看似不相干的三种院子，由于各自的生长理由被聚在一起，由于连接方式的不同而出乎意料地充满变数。

范曾艺术馆强调的是“观想的院”，以局部关系并置的方式形成时间上的先后呈

现，为“游目”式的观想体验提供可能。在非同时同地的景物片段中，局部的关系先后呈现。它们虽然并置于场所之中，却透露出层层递进的彼此勾连。在人的意识之中形成各自能动性的关联，从而滋生出混全的整体。艺术馆“边界扩散”的主张以分散展陈的方式打开了以往封闭展陈的壁垒，开拓出弥漫性的探索氛围。以路径体验为导向的叙事方式取代了以往围绕展陈为中心铺展的框架与描述，它使阻隔与融通形成一组有趣的对立，以极平静流畅的方式悄然打开探寻的通道，却又拒绝直白的表述，构成了东方式的迂回转承的意味。

范曾艺术馆强调的也是“意境的院”，讲求“计白当黑”的意境、有无之间的把控、与不饱满中呈现饱满的观想。它没有设定一个强大的整体框架，将所有的情节归入明晰的主线索之中。而是依照三种不同院落的自发性生成秩序铺展开略带松散的局部关系。艺术馆的“关系进化”的主张更强调关系的进化而非单体的进化，以院落关系的重构与叠加取代了对院落本身的颠覆性改变。三种原型简单的院落并没有完全脱离传统的形制，但经过融通勾连之后，呈现出不同以往的可能性。所谓的古意今心的意境，讲究的是古意虽有赖于形，但仅专注于形则不可得，须与神会。

范曾艺术馆如同一个可以水墨浑融的空灵腔体，为浓进淡出的晕染留有发挥的余地。它是向水墨致敬的一种态度，方寸之物，内有乾坤，于局部的单纯中体悟整体的复杂，单纯澄净而又气韵饱满。END

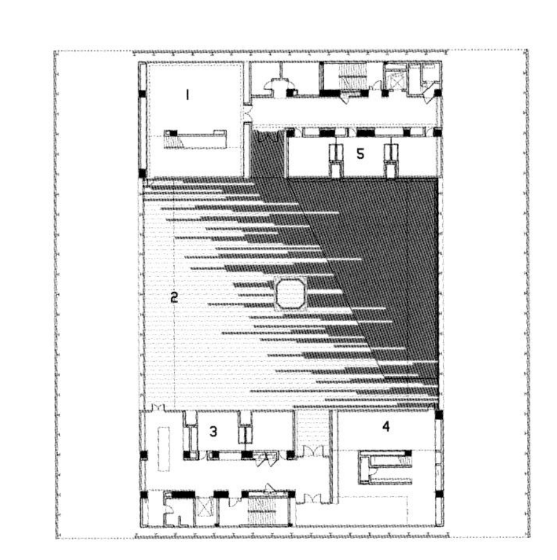

1 研究室

2 合院

3 研究室

4 范曾画室

5 办公室

三层平面图

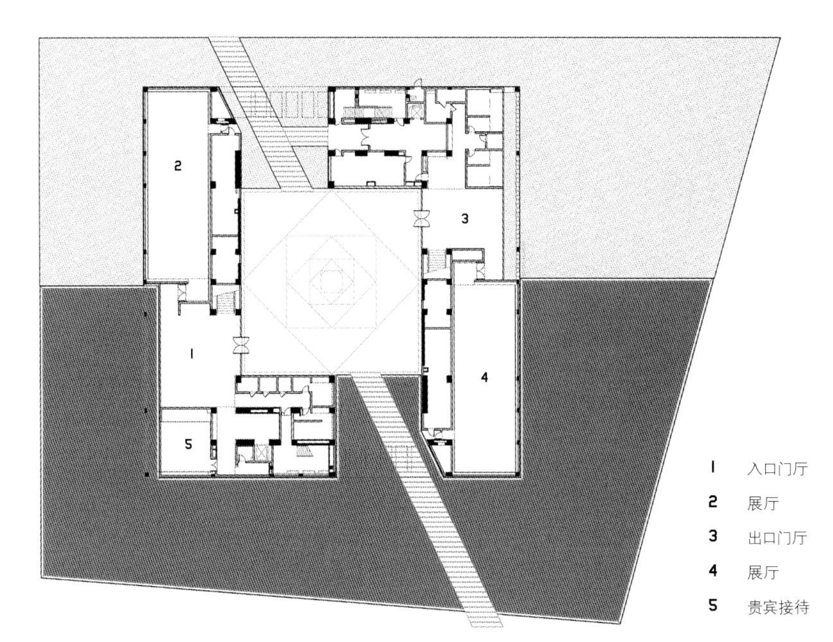

1 入口门厅

2 展厅

3 出口门厅

4 展厅

5 贵宾接待

一层平面图

1-2 外景

3-5 平面图

6 北向外景

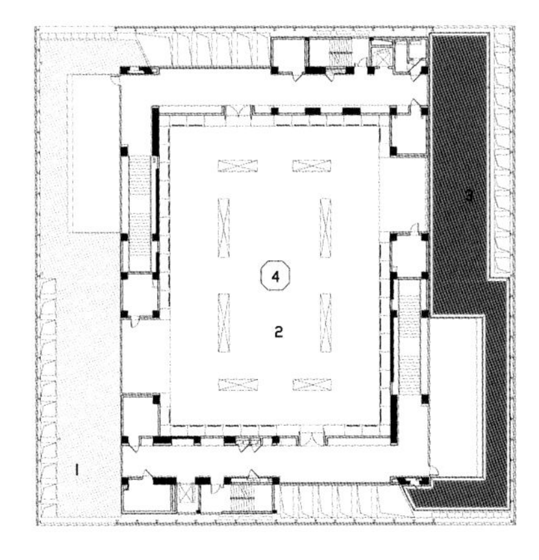

1 石院

2 主展厅

3 水院

4 光井

二层平面图

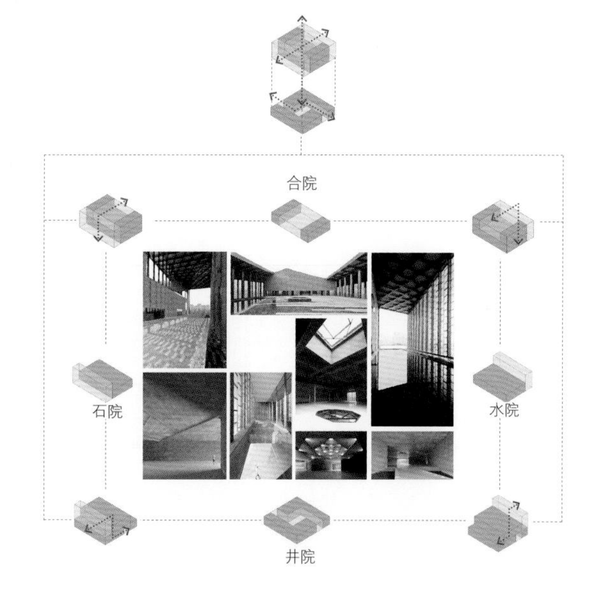

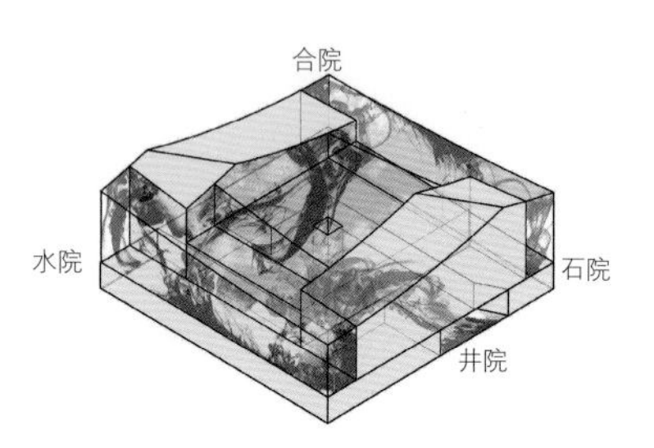

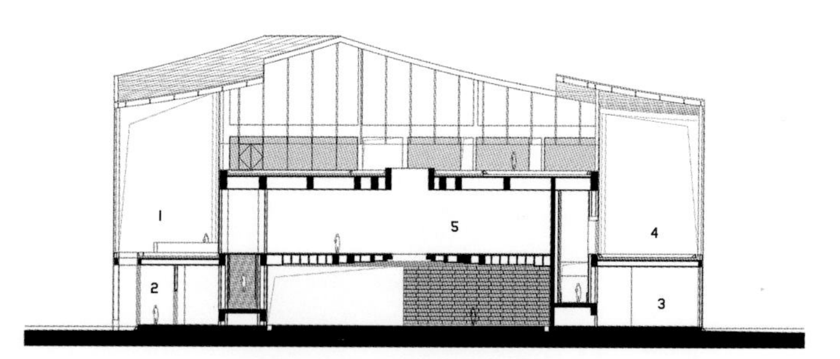

1 石院
2 入口门厅
3 展厅
4 水院
5 主展厅

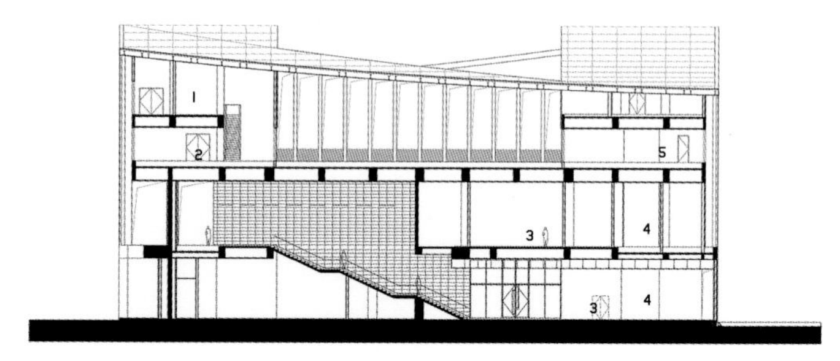

1 会议室
2 研究室
3 休息区
4 电梯厅
5 陈列区

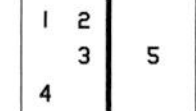

1 立体院落生成示意图
2-3 剖面图
4 二层石院内外
5 二层水院

1	3
2	4 5

1 底层架空井院局部
2 底层架空井院
3 三层屋顶合院局部
4 藻井详图
5 墙身详图

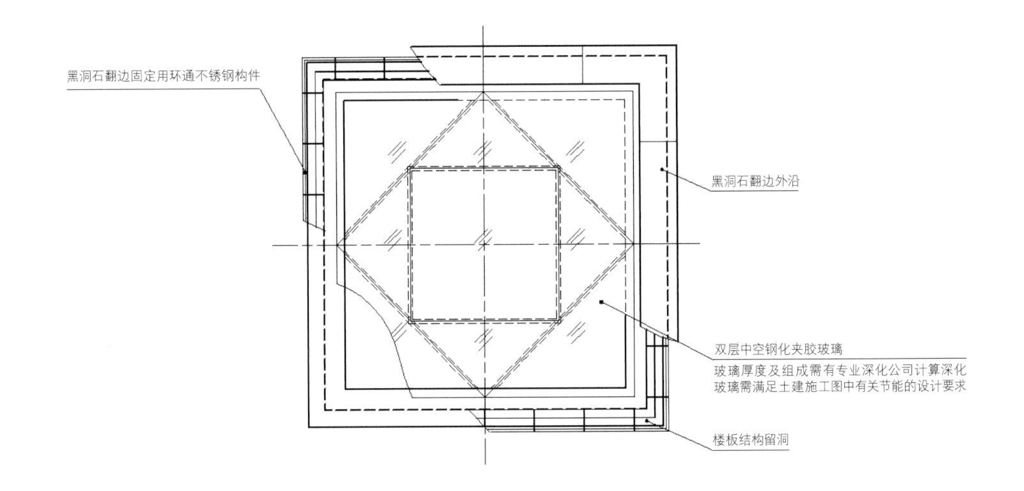

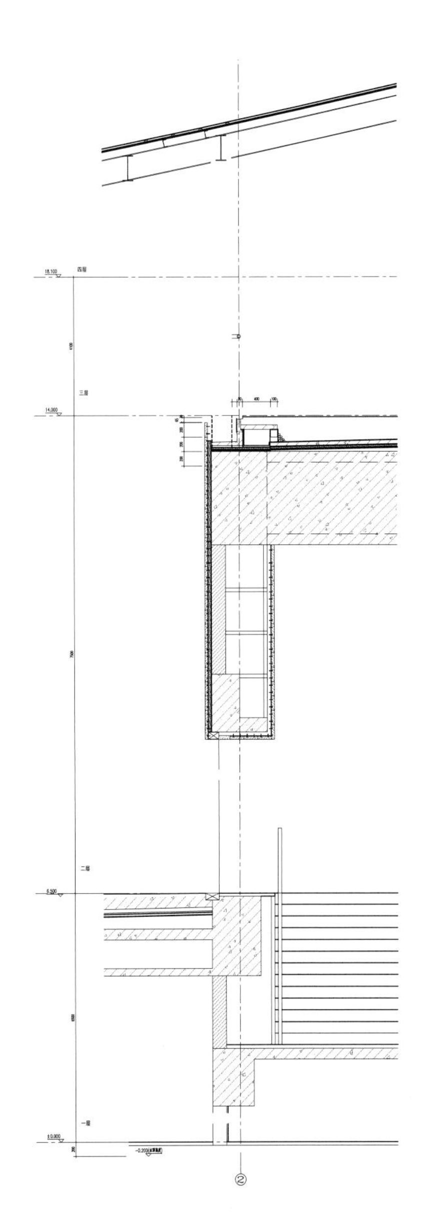

“无用之用”民生现代美术馆的态度

THE USE OF USELESSNESS: THE ATTITUDE OF MINSHENG CONTEMPORARY ART MUSEUM

资料提供 | 朱锫建筑设计事务所

地　　点	北京798艺术区
建筑设计	朱锫建筑事务所
主持建筑师	朱锫
设计顾问	Thomas Krens/GCAM
设计团队	Edwin Lam，何帆，王筝，Damboianu Albert Alexandru，Virginia Melnyk，郭楠，柯军，王鹏，李高
设计时间	2011年~2012年
建造时间	2014年~2015年

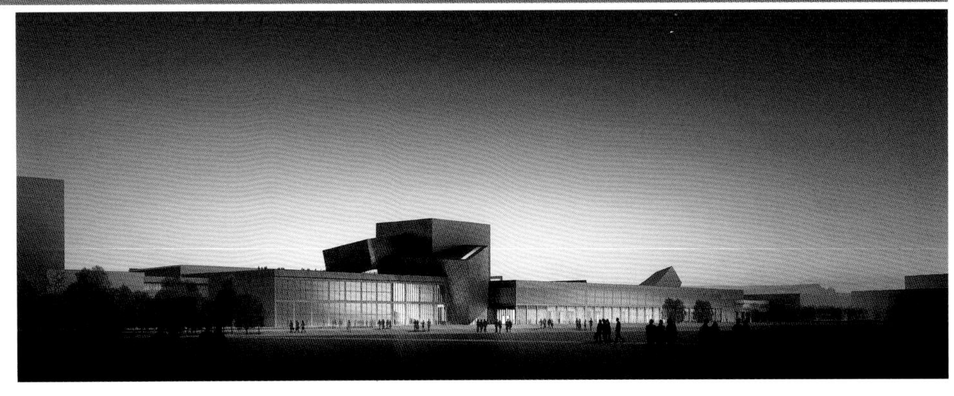

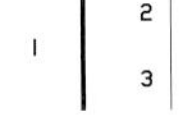

1 入口外观
2 入口处
3 外观

民生美术馆是基于一个1980年代的工业建筑改造而成。它以开放性、多元性、灵活性，对今天美术馆的封闭性、单一性及固定性提出了挑战，将会成为中国当代艺术的最大的公共平台。

快速的城市化，不仅为我们创造了物质文明的遗产，也为我们身后制造了大量的废弃物。我们喜新厌旧的心理，让众多老建筑遭到遗弃。798地区的松下显像管厂已不再有过去近30年的辉煌，遍体鳞伤，满目疮痍，虽然破旧、不美，但却透出工业建筑的粗犷、质朴与真实。这些特征恰和当代艺术的的态度不谋而合。民生现代美术馆的想法正是在这种基础上诞生，它尊重工业建筑朴素、真实的特质，顺势而为，无用之用，直指当代艺术空间的未来，挑战传统美术馆的冠冕堂皇。

与传统艺术相比，当代艺术的一个显著特征是其表现形式的多元，为了成就这种特征，民生现代美术馆不仅塑造了传统美术馆中5m净高的经典空间，更有大小不一、尺寸各异、层高显著不同的空间——大盒子、中盒子、小盒子、经典空间、院落展览空间以及黑盒子(多功能表演、会议和展览空间)，去应对不同艺术形式的需求。它们有机地组织在一个充满张力的中心空间周围，结合美术馆前装置公园、屋顶展览平台和中心院落等开放式展览空间，构成一组尺度不同，形态各异的空间组群。

未来美术馆不再是成功艺术家呈现辉煌的圣殿，而是激发公众和艺术作品及艺术家互动、交流的艺术场所；空间不再是为呈现作品而作，更是为艺术创作而生；艺术作品最有意义的瞬间，不是作品完成之时，而是公众参与与其互动的时刻。一些灵活可变，功能不明，有用无用的空间，却可激发艺术家和公众创作激情，为特定环境和场地而创作，让艺术品、公众和美术馆融为一体。END

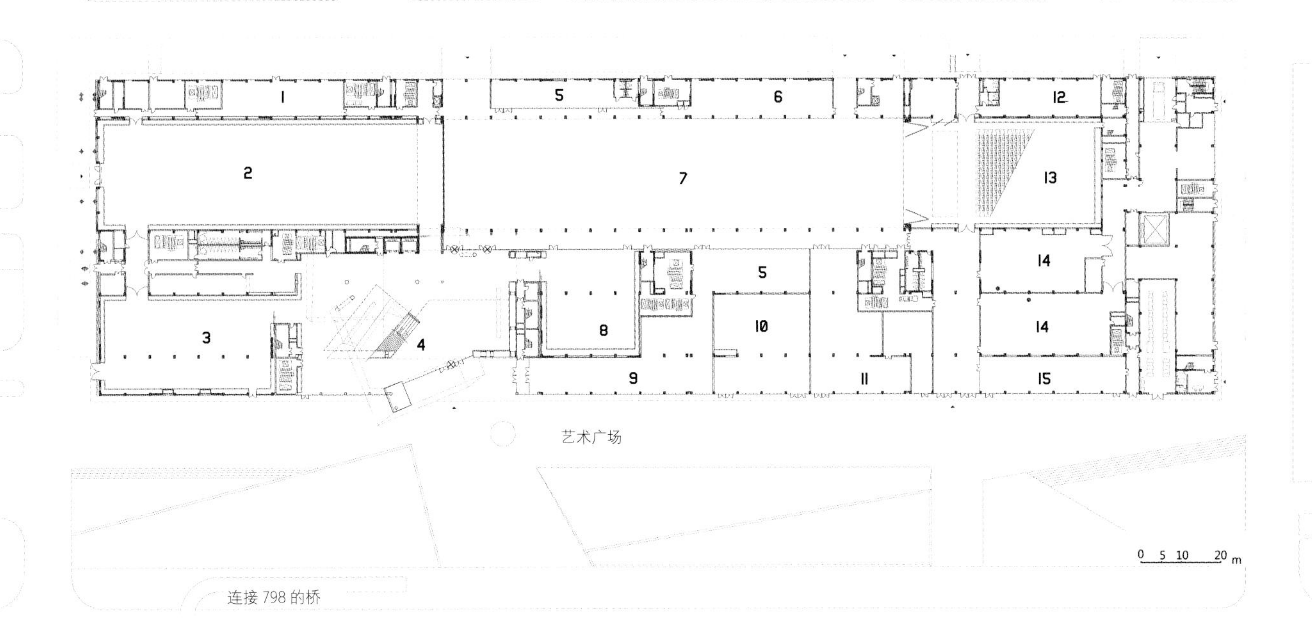

1 艺术家工作室	6 VIP 室	11 餐厅
2 大盒子空间	7 中心庭院	12 更衣室
3 中盒子空间	8 小盒子空间	13 黑盒子空间
4 大厅	9 设计书店	14 艺术品库房
5 咖啡厅	10 艺术银行	15 电影商店

1 | 2 / 3 4

1 二层空间

2 一层平面图

3-4 一层空间

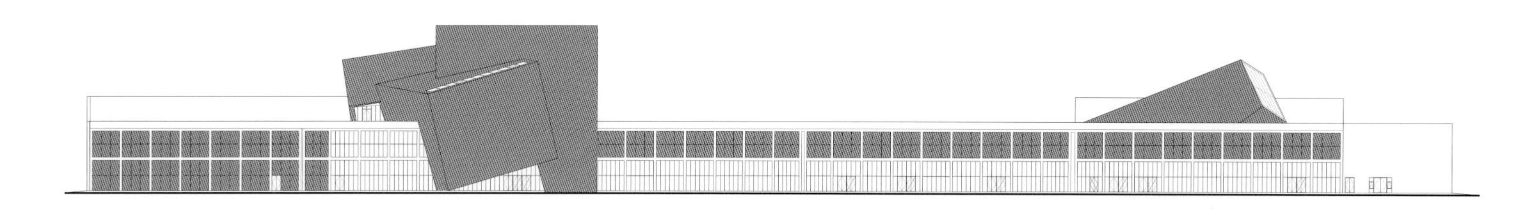

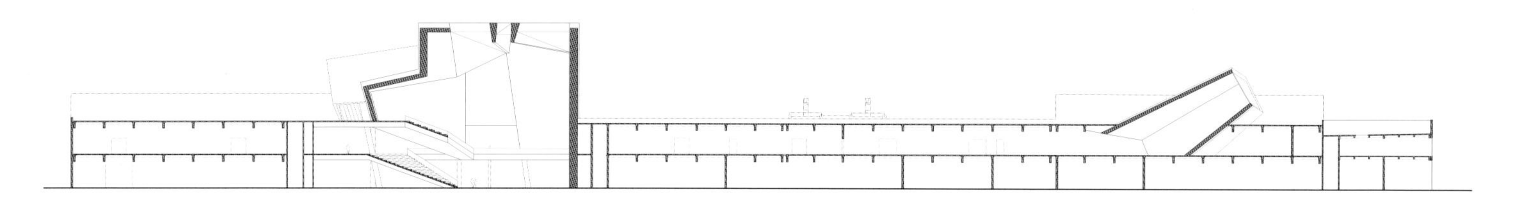

剖面 1-1

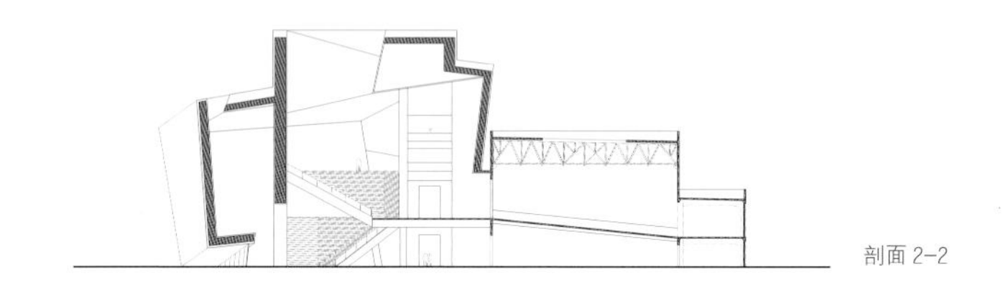

剖面 2-2

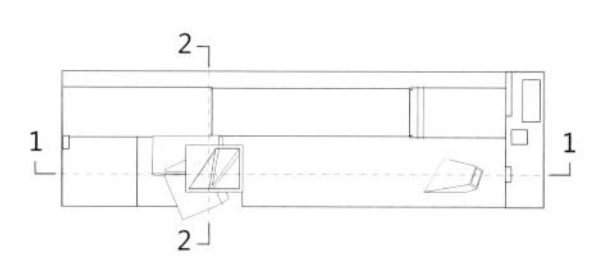

1 立面图
2-3 剖面图
4 二层空间
5 三层空间

黑白对话 韩天衡美术馆

A DIALOGUE BETWEEN BLACK AND WHITE HAN TIANHENG ART GALLERY

撰 文 | 童明 黄燚

地 点	上海市嘉定区博乐路70号
建设单位	上海飞联纺织有限公司
用地面积	14 377m²
总建筑面积	11 433m²
建 筑 师	童明、黄燚、黄潇颖
合作单位	苏州建设集团规划建筑设计院

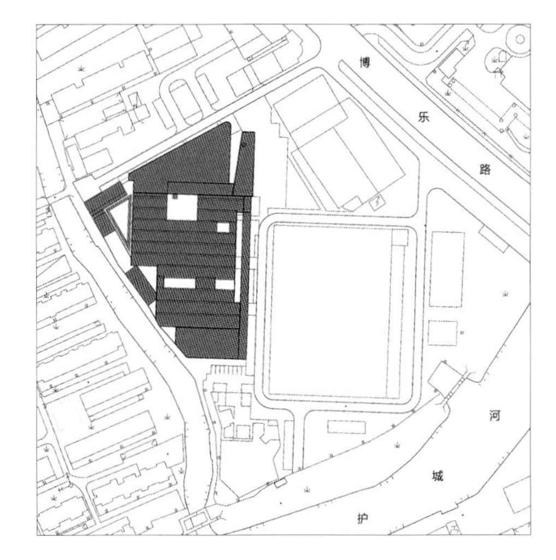

1 建筑外观
2 总平面图
3 临水立面

对上海这个变革城市而言，从纺织厂到美术馆的转型已经成为了一件寻常之事，然而每一个纺织厂的改造其实都有着自己特定的情节。

上海飞联纺织厂坐落于嘉定老城区的南入口处，已经伴随着这座城市的发展节奏长达70多年。改造之后的美术馆以上海著名篆刻艺术家韩天衡先生来命名，固定陈列的则是韩天衡先生自己一生创作的重要作品，以及他捐赠给嘉定区政府的1000多件珍贵艺术收藏品。与此同时，美术馆还包含相应的临时展厅和辅助设施，为嘉定区或者更大的市域范围提供进行各种文化活动、艺术展览、教学和休闲活动的场所。

自1940年代开始建造以来，飞联纺织厂的老厂房采用的建筑形式基本上都是典型的锯齿形厂房，从三跨简易木的结构开始，陆续增建到1970年代的预制混凝土结构，老厂房逐渐扩展为11跨，连绵成片。从空中俯看下去，层层叠叠的机平瓦呈现出一轮轮的红色波浪，构成了一幅纺织厂的经典图景。

20世纪80、90年代，随着生产规模的扩大和生产形式的改变，飞联纺织厂在南侧加建了一幢两层楼的精梳车间，在北侧又增建了一幢三层楼的青花厂房，同时在周边及缝隙中填充了各种杂乱的库房与机房。

面临这样一种格局，建筑设计所要做的首先就是依照现场情况，确定需要保留和拆除的部位，然后根据保留建筑的结构和空间特征提出不同的改造意向。并在此基础上，结合将来的功能要求，针对保留建筑进行改造，并且填补新的增建部分，为整体结构提供交通联系和辅助功能。

老厂房和筒子车间是飞联纺织厂现状格局中最具有工业建筑特色的一部分，空间相对低平、开阔，因此在设计中着重考虑的就是如何在完整保留其屋面及梁架形式的同时，对原有结构进行钢结构加固，植入适宜功能，展示空间特色，从而达到充分而有效的再利用。

青花厂房及精梳车间位于老厂房的南北两端，结构质量较好，空间也相对高耸、集中，可以作为固定展厅和艺术工作室之用，室内空间按照专业等级的美术馆展厅标准进行改造。

因此，原先建筑结构的不同特征就自然地导向了不同的使用意图：老厂房由于特征化的空间特征及其符号形式，可以成为一个具有交流性质的场所，其内部使用以公共活动为主。老厂房用作临时展厅，结构质量较好的筒子车间则改造为公共报告厅。

新建厂房由于空间相对规整并且结构牢固，适于设备要求和安全考虑，因此作为美术馆的固定展区，用于永久收藏并展示韩天衡先生自己创作及收藏的各类珍贵的书画及篆刻作品。

除此之外，一些原属工厂的职工宿舍以及附属机房被改造为后勤办公及培训场所。为了使得各个功能空间既相互独立又互相连通，需要在各个功能组团之间加入相应的回廊和通道，以便使得美术馆在今后使用中呈现出功能上的多样性和便利性。

初次到现场时，由于整个建筑场地几乎完全被各类大小建筑完全覆盖，内部空间又堆满了各种机器设备、原料杂物，因此无法让人看到厂房建筑的全貌，然而在未来的规划中，这座转型的美术馆需要为城市提供一个可以独立视看的醒目外观。

面对如此混沌的环境，除了常规的那些操作程序之外，如何促使这幢未来的美术馆呈现出自身的特征，这就需要一些感性的判断。于是在踏勘现场时，一些初步观点就已经形成，并且在设计过程中逐步实现出来：

1. 这座建筑应该是黑色的。它应该为这样一种充满粉尘和悬浮之气的场地提供一个沉重而乌钝的体量。最终，除了老厂房之外的现代建筑都以黑色进行表达，结构基本由混凝土或者钢结构所组成，以区

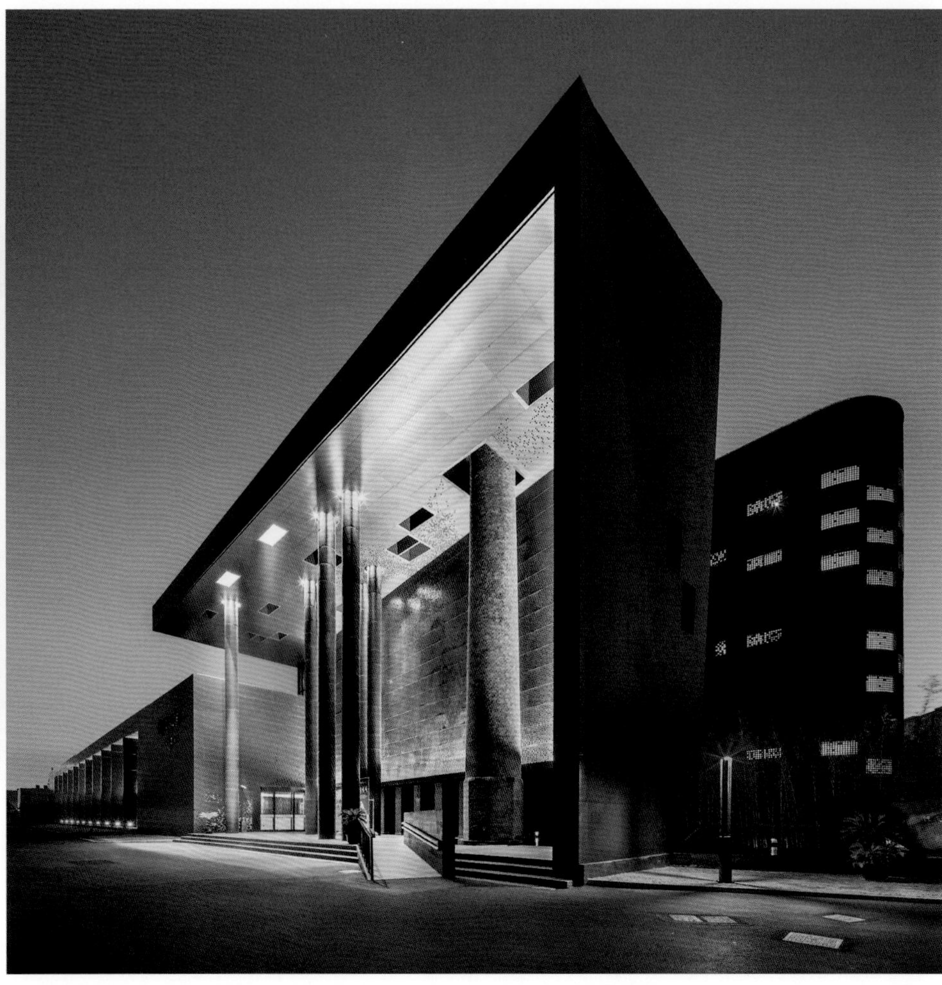

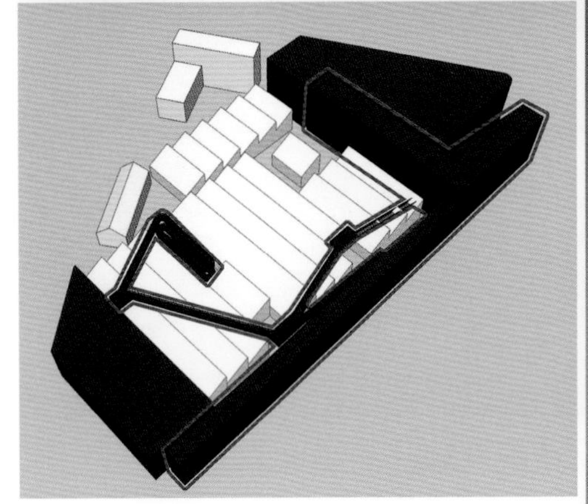

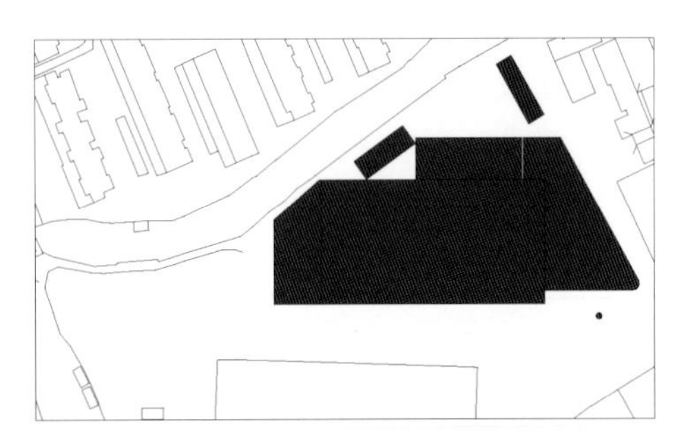

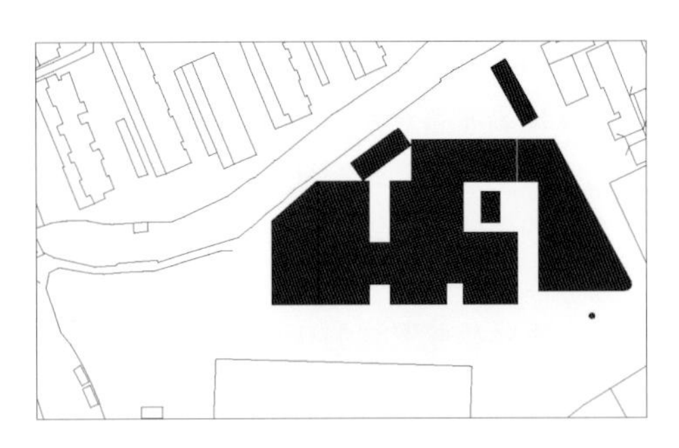

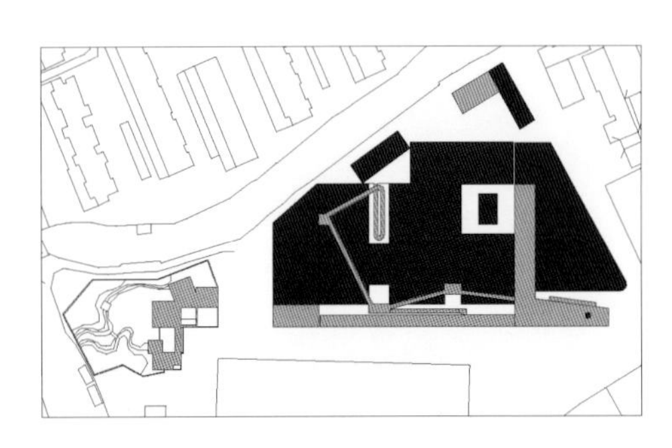

别于保留下来的锯齿形厂房区域，在功能方面也正好与美术馆的固定区域所对应。在材料方面，新增的钢结构使用氟碳喷涂黑色钢板和穿孔板，而经过改造后的混凝土结构则采用与之相应的纯黑涂料，并配之以相应的穿孔板门窗，于是在整体上使南北两侧的建筑及东边的连廊形成了一个整体结构，从外围包裹着老厂房，新旧建筑之间形成了明确的对比。

2. 这座建筑应该是开放的。老厂房的锯齿形建筑结构作为飞联纺织厂的标志性特征，也是历史发展过程的见证，它应该是可观可游的。于是在初步方案设计中，不仅南北两侧的较高建筑都设置了从上方观赏的窗口，而且从东侧连廊和门厅处接合处也设置了一条地面到屋顶的公共坡道，它可以一直延伸到老厂房屋顶之上的钢结构平台，为参观者提供不同高度层面上对于锯齿形屋面的体验，并且使入口广场与沿河公共空间联系起来。

3. 这座建筑应该是透气的。在充分维护老厂房空间特征的基础上，在老厂房的连片结构中，嵌入了一些相应的开敞环境和天井院落，植入错落的绿树竹枝，并且强化了锯齿形厂房轮廓的光影效果，以丰富参观者的空间体验，为美术馆增添了些许园林韵味。同时在美术馆东侧与外围道路相接的地方，添加了一条黑色钢结构的敞廊，这不仅为主展厅与临时展厅增加了一种室外的连接，同时也在老厂房之间形成了一条空缝，通过植入绿化，使之与沿河公共绿带相互对应。

除此之外，针对美术馆设计需要着重考虑的就是如何为它提供一个具有兼容性的进入方式，因为未来的美术馆存在多元化的功能组合，不同的使用意图对于美术馆的开放性具有不同的要求。经过数次调整之后，美术馆的入口选择在青花厂房与老厂房之间的结合部位，它正好将原先保留下来的红砖烟囱包裹其内，通过一个15m 通高的空间转折后，在东侧现场了一个巨型门廊，与其他支撑性的钢柱形成了一个具有舞台效果的背景，预示着在这座美术馆中将要上演的剧目。END

1 入口雨棚
2 门厅
3 足迹馆
4 常展厅
5 临展厅
6 报告厅
7 教学区
8 室外长廊
9 办公室
10 茶室

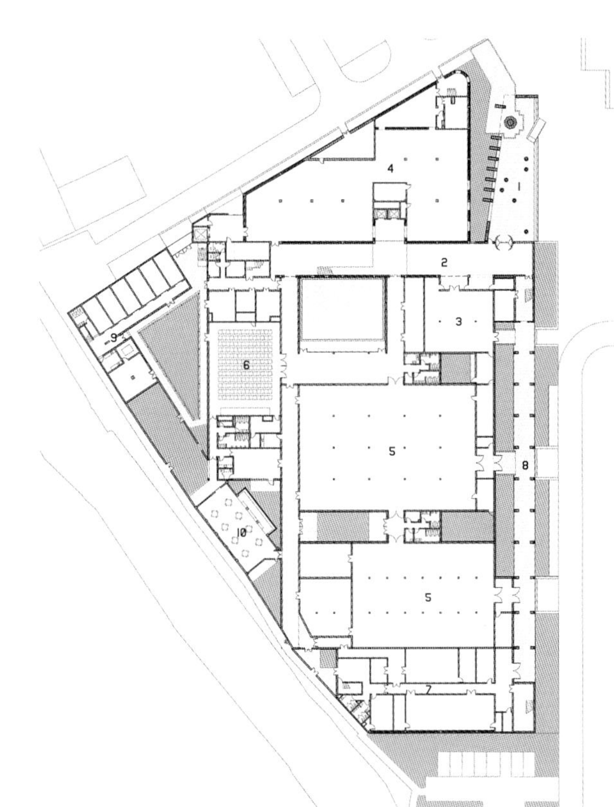

1 改造前锯齿形厂房屋顶

2 厂区空间结构分析图

3 改造过程中场地的肌理变化

4.6 入口

5 一层平面图

7 改造后临街立面

1 2	4
3	5

1 厂房展区入口
2 厂房改建报告厅
3 展区
4 剖面图
5 青花厂房内侧墙面肌理

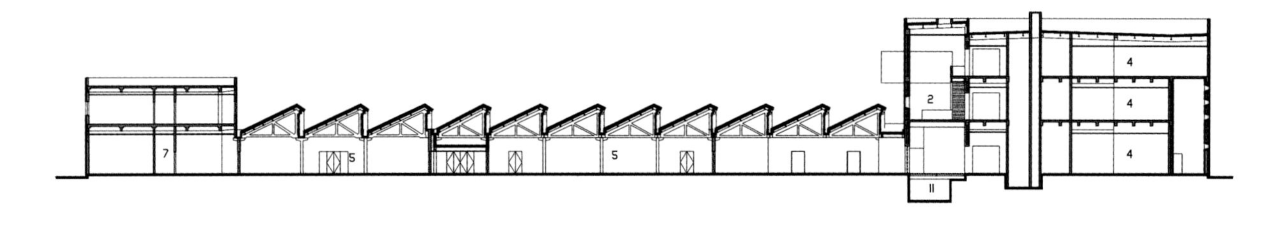

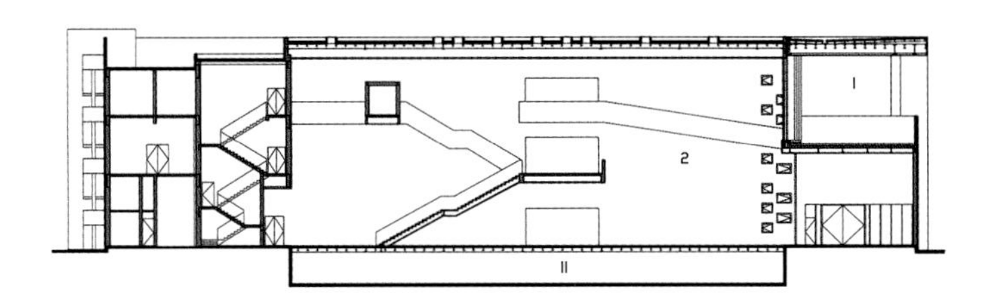

1 入口雨棚
2 门厅
3 足迹馆
4 常展厅
5 临展厅
6 报告厅
7 教学区
8 室外长廊
9 办公室
10 茶室
11 原厂纺机展示区

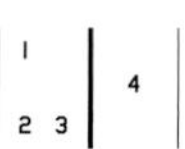

1 厂区内庭院

2 高侧窗改造

3 加固钢结构

4 廊道

结构现象学 柯力博物馆营记

KELI MUSEUM

撰　文 | 王灏
摄　影 | 刘晓光

设计单位	佚人营造建筑师事务所
建筑师	王灏、马学馨、徐丹、国山
地　点	浙江宁波
设　计	2010年~2011年
竣　工	2014年
业　主	宁波柯力电气制造有限公司
基地面积	1 800m²
建筑面积	4 600m²
结构形式	型钢混凝土结构

外景

请允许我造个词：结构现象学。因为我认为这个词最能恰如其分地描述这座佚人营造为之奋斗了四年的大房子。结构＋现象学，既是我对传统民居遗产个人总结，也是我们一直以来执着的品质。我在之前曾用过“自由结构”、“白描建筑”这样的词语，但现在觉得“结构现象学”更精确，更能概括我们到目前所想所做的一切。我对从理论上去阐述现象学或者结构学，兴趣不大，因为历史理论或者其他，并不能保证言过其实或者所言非实。所以我想，我们会不停地造词，以便形成一种与我们造的房子相匹配的语言系统，就像我们不停去追问建筑灵魂到底安放何处一样。

一个广场和一个“巨框”

2010年夏，业主打电话过来，邀请我们设计位于宁波江北工业园区的企业展览馆。那时候，我的自宅正在紧张施工中，每周末奔波于上海与宁波之间。在一个天气凉爽的午后，我与业主在基地进行了初步的考察。从宁波市区到厂区开车约有半小时，工业区主要由混凝土多层厂房组成，尺度巨大。到达基地后，业主拿出了原先的厂区规划图。我详细地观察了整个规划，厂区以生产传感器为主，已建成将近6hm^{2}的多层及单层厂房。在厂区东北向的主入口位置，由三栋厂房建筑品字形排列半围合出一个近6000m^{2}的工厂绿地，绿地设计比较草率，以花岗石以及普通草坪构成。业主希望在此绿地基础上营建一个企业博物馆，以作本公司产品展示以及中国近古代衡器展览。我打听下来，这个企业有将近2000名的员工，约五分之三来自外地，整个员工宿舍住有将近500人，日常生活在此厂区（占地约5.9hm^2）。每当饭点以及下班后，员工穿越中央绿地往返于食堂以及生产大楼之间，虽然我注意到了在将近6000m^{2}的绿地广场没有任何一处座椅，说明了这个公司在效率上的追求。但这个大广场还是由于密集的人群使用而充满了生机：这是一个高效的工厂花园，尽管树木都很矮小。

回到上海后，工作室工作重心依然在自宅设计令人窒息的封闭氛围下，但是，这个委托与乡村住宅是完全不同的环境和规模。我们把这个项目定义为一个“厂区的住宅”，设想未来的博物馆如果由与周围庞大生产车间以及组装车间截然不同的小尺度空间构成会不会非常有意思？封闭而高大的车间边上出现一个晶莹剔透的空间是不是很具有戏剧性？

第一稿手稿，我依稀记得是把“库宅”的垂直叠加小屋变成了水平向纵横排列，形成了一个如同几十户人家构成的小村庄，因为此厂区用地早先年就是一个江北鱼米之乡。但最终，厂区活跃的生产与生活场景使得整个设计走向开放空间方向。

我们想把整个原来的广场毫无损害地保留下来，把未来地面建筑部分设想为一个可以自由出入的空间，于是用一个横跨基地的巨框把那些水平聚集的小房子举了起来，形成了同时又能遮风避雨的“亭子”。一个架空的亭子，被切分成很多小尺度的透明空间，而轮廓线组成唯一的受力体系，最终所有重力几乎都汇集到一个与原主体厂房同宽同长的轮廓线（60m长，30m宽）上。这个构思几乎就是一个广场架设一个巨型的混凝土水平框，我们心目中一个全开放的工厂花园上的亭子。

一个几乎与周边厂房建筑同等尺度的建筑构件被架设在原初的工厂花园之上，离地约10m，一个核心的结构元素“框住”了所有的地面建筑。这个超级大框限定出一个“无定所的城市空间领域”。这就是我们理解的结构对公共/开放空间的控制，也是我们追求的结构现象学最大的一个含义。

巨框中的巷弄

在近1800m^{2}的巨框组成的亭子的轻质体量组合关系被仔细地推敲，同时要兼顾力学的分配，柱子位置的调整，所有的辅助受力柱子都尽量要居中，缩在远观视线以外，在亭子的阴影里面，并且还要形成错位，如同森林中随机生长的树木，二楼以及三楼钢结构体量互相错位，留缝，形成一套宽约1m左右的巷弄体系，这样，在将近弯曲转折的的架空亭子下能随时见到天空以及雨水。这些架空盒子形成的巷子来自于工业化前期此地的农村旧影，有几处开口较大，形成天井，这些天井贯穿地下室。

一层的近5000m^{2}的广场通过纵横九十度交叉的阡陌划分成很多小型场地，用农村最常见的碎石道渣浅浅地铺就，沿着这些纵横阡陌我们把密斯1923年的乡村砖宅的墙移接到此处，同时也是自宅墙体进一步的解放。因为此处墙体不需要承重，仅仅承担对这个巨大广场的尺度切割，横向的、纵向的、自由自在、与阡陌巷弄一起完成对空间的布局。这些阡陌通过四道钢结构楼梯延伸到二层以及三层，五组盒子之间通过窄窄的通道连接起来，这些通道其实是室内的阡陌。同理，一层的巷路也通过去向地下室的楼梯衍生到整个地下室，组成几个展厅之间的参观路线。一套繁荣的巷子体系从广场开始，如毛细管般把室内体系的交通与室外体系的交通关系统一起来，而室外体系的巷弄把整个巨框内的空间切成五组单元。

白描的轮廓

在经过两个多月的调整，在巨型框架内出现了五组单元模块：面积 $300m^2$ 到 $600m^2$ 不等，架空部位的层高，从 3m 到 5m 不等，形成不同二层内部层高以及一层架空部位的室外层高，增加人们进入架空空间探索的乐趣。这些从村落尺度演化而来的小房子，最终被抽离成更加明确的长方盒子。为了进一步统一建筑语言，处理的重点位于这些盒子的轮廓线，也即是结构所在的位置。一个压倒性的巨型框架，跨度 30m，采用了承自密斯的十字异形柱断面，采用了型钢混凝土体系。这个基因被传递到那些内部的小型支撑柱，直至钢结构边柱。这些统一断面的异型柱构成所有体量的轮廓线，尺度从 1.8m 见方回归到 35cm 见方，构成不同的等级。那些钢结构的灰色角柱在于水平横梁交接处都预设了加肋板，进一步增加十字角柱的构造表现力。

二、三层的立面材料从设计开始就是透明的物质，最初用的是隐框玻璃幕墙体系，但通常用于抵抗风荷载竖向分割龙骨，明显模糊了竖向轮廓线的表达力。为了获得整个简洁有力的面，又区别于自宅砖墙那样的密闭性，我最后选择了玻璃砖，一种介于玻璃与砖之间的材料。玻璃砖墙可以砌筑很高，而且与钢结构可以互相配合，以降低主体结构完工后引起的温度以及活荷载应变变形。配筋玻璃砖墙表面取消了的竖向构件，根据严谨的计算，一些很小断面的钢圆管设置在墙后，加强了墙体抗水平荷载的能力。外部 20cm 见方的玻璃砖模数化砌筑后，最终组成了最大 $300m^2$ 纯粹墙面。这高度模数化的砖墙钢结构的施工要求极高，仅仅允许 1~2cm 的误差。均质的墙体如织体般嵌入如白描般的十字柱内，形成书法中飞白般的效果。这些重点处理的结构线条，由于采用了十字转角柱，从而使得整个构造关系呈现出某种分离主义的倾向。

三层屋面自由排水汇集到 10m 高的巨框中，在巨框的水平翼缘设置一条周边式排水明槽，从而使得整个屋面排水系统与主要结构系统连接在一起，所有的中水经由结构元素后再通过几个安排在巷内以及天井的排水斗泻入地面广场，在雨天，结构的线条通过纤细的水流这样的生命体关联在一起，这一点，结构与水的神态是等同的。

上文提到了这座房子拥有的一个巨大的结构尺度，和一些轻盈的细碎的小结构尺度，这种尺度序列使得所有设计注意力都集中在如何分配重力、如何汇集重力，说到底是如何表达建筑学中隐形的“王者”——重力。这其实是我所谓的“结构现象学”第二个含义，重力是可以被观赏的，如同高山流水，这些类似的美景如果没有重力将不复存在。这里的重力被转化成一系列的结构尺度，通过大量的开放空间，使人有足够的余地去观摩室内外连续的空间剧情。这也是一切互相作用的结果，在几乎占掉一半总造价的架空层里，我们获得的就是如何体验结构与公共空间之间的聚会。当然，焦点是重力形成的风景。

三种空间

在“建筑 = 结构”的外表印象下，三个截然不同的空间皮膜包裹在所有的功能体外面，形成三个空间样式。我们在巨型框架组成的基础上，悬挂了 5 组高低大小各不相同长方体。外部覆有玻璃般半透明的玻璃砖皮膜，形成轻盈明亮的室内空间。室内均匀的漫射光充斥整个空间，一些深色吊柱谦逊地被置于几个不起眼的角落，进一步强化了“轻空间”的氛围。

可自由进入的一层架空广场——在架空层底部粗砺吊顶喷浆罩下，这个是一个由巨框限定的开放空间。大小等同于大框架长宽限定的范围，这是一个“无”皮膜的纯粹空间，由于视线被高开低走的玻璃砖盒子限定，使得整个空间显得复杂起来。

同理，由于地下室采用了与地面同构的巷弄路线，也被分为五个展厅，分布方式与上空的悬挂的玻璃砖盒一样。厚重的混凝土脱模后进行了简单的处理，粗糙有力的“皮膜”围合出另一系列展示盒子，这些相对于上部悬挂盒子，就是“重”空间，这些展示盒子通过局部挤压出来的天井与上方的整个体系融合起来。为了扩大地下进入的方式，一条沿着厂区大门直至原办公总部楼的轴线通过一个开放式下沉广场被隐蔽地强化了。这个下沉广场采用了之字双向楼梯进入地下展厅。所有最核心的产品以及企业收藏品都被陈列在地下室。地下室里的结构柱子数量更加少。一些十字混凝土柱子通过仔细的调整，被布置在一些重要的同廊中央或者转角处，这些思想都是来自于自宅对灵活性布柱方式的经验。

结构 = 风 / 光 / 水

在历经三年多的建造过程中，一个概念在柯力博物馆的营建过程中朦胧出现，随同其他几个住宅的施工完成。我一直试图把我们原先陌生的受力体系，重新推到空间的“起点”。有没有“风的结构”？有没有“光的结构”？有没有“水的结构”？柯力博物馆灵感更多是从自宅获得的启示：结构如何去分配空间。在一个比自宅大近 15 倍的空间里，结构变成了限定公共空间和大众的感受的逻辑手段。我们可以讲，结构具有城市空间的意义。

这是一个有趣的成果，但我们并没有止步不前。在近期与旭可工作室合作的清秀寺项目中，我们把结构进一步推向现象学层面。为了回答前文提到的问题，我们用了一种类似瓦片的曲面预应力结构板作为所有单体的总体元素，去营造墙面、屋面，以及一切重要的群体建筑。曲面预应力混凝土板具有绝佳的空间塑造力，通过正反叠加，形成空腹梁体系，这便是清秀寺大殿的结构构成，风光水通过曲板的错动，上下叠加，错位放置，横竖结合，形成曲面“墙柱”和弧面屋顶。气流、光影以及水波如同巨斧切削出结构的截面，重力分配被重新组织，依据一些基本的原则，最终获得新的空间思想。

这样的工作目前无比艰辛，我每次去工地必须不停地调整结构的现场施工方式，精确度以及为了保证最终富有生命力的形态。在考虑了安全性、造价、材料、系统、施工技术、节点设计等一系列基本的要素后，我发现了一个定律：只要结构是自由的，那么意味着这个建筑充满了冒险性的系统自由，构造方式会自动生成，可以用同样的样式随机与就近的结构体发生系统关系。这个“系统自由”意味着构成皮膜部分（建筑外墙材料）也是被彻底解放的，我很多时候，是像个缝纫师一样把“皮膜”缝在了骨骼上面。皮膜与结构的分离，意味着结构体可以更加开放地去迎接赋予我们人造空间以生命的大自然的馈赠：风、光和水。结构可以形成捕捉它们的形状与通道，使那些无形之物最终形成有形之物，如同甘泉被盛于一个造型丰满的钵盂。同样，结构也是人进入风光水营造的氛围里的媒介，释放来自本能的欢愉。END

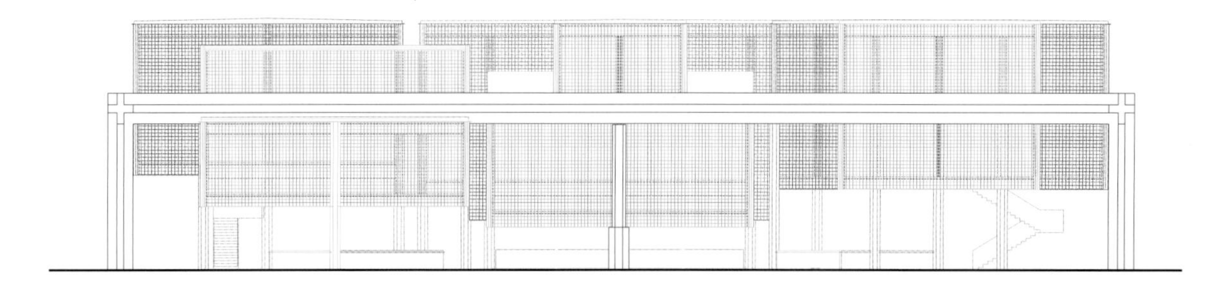

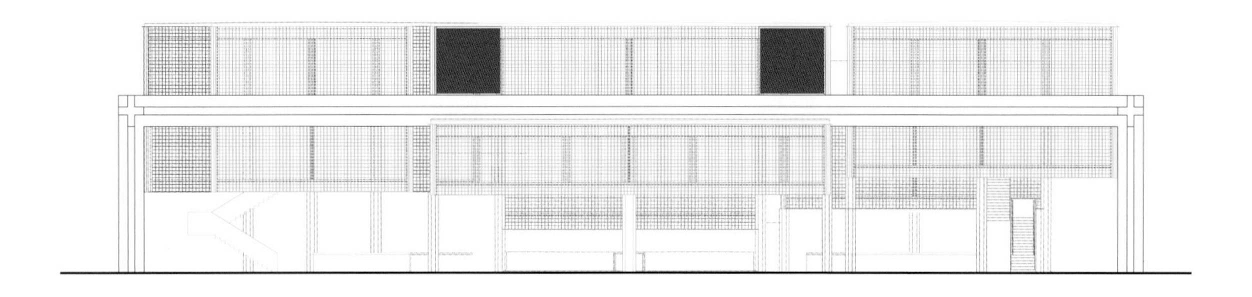

1	3
2	4 5

1 立面图
2-3 展览空间
4 楼梯与墙的关系
5 玻璃墙与走道

1 博物馆入口

2 顶楼空间

3 空间走廊

4 外观

鸟巢文化中心
BIRD'S NEST CULTURE CENTER

撰　　文 | 李兴钢
资料提供 | 李兴钢工作室

地　　点 | 北京
设计人员 | 李兴钢、张玉婷、谭泽阳、唐勇
建筑面积 | 27 123m^2
设计时间 | 2012年11月~2014年5月
建成时间 | 2015年4月

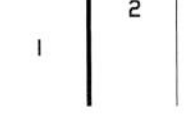

1 "片岩"假山局部

2 国家体育场及下沉庭院

北京2008年奥运会的主体育场——中国国家体育场（鸟巢），在设计之初即为奥运会后的赛后运营预留多处空间。其中在"鸟巢"的北部，原预备将位于上部三、四、五层的对应空间改造加建为会员制经营的酒店；其对应的下部零层（基座之下），奥运会时用作工作人员用餐区及开闭幕时器材库的区域，预留为酒店大堂及专用停车场空间；并在大堂外设下沉式庭院，留出专门车行入口。但奥运后，因多种因素的变化，酒店计划取消，代之为上部的会员俱乐部及餐厅和下部的鸟巢文化中心。

鸟巢文化中心因此是一个在保护奥运遗产（不涉及外立面、屋面和庭院边界改变）的前提下，对原有体育场局部空间的改造项目，旨在依托国家体育场自身的建筑特色和强烈的奥运色彩，构建以服务创意文化产业、弘扬奥运体育精神为主题的文化艺术交流平台。由外部的下沉庭院及入口引道和内部的零层及地下一层多功能空间组成，可举办展览、会议、讲坛、表演、产品发布、大型宴饮等多种不同规模和主题的公共或商业活动。设有顶轨式活动隔断（平时可隐藏在夹壁墙中），可根据不同功能需求划分大小空间。

"鸟巢"的整体设计中存在一个对应外部立面和屋顶钢结构的不规则轴网和对应内部圆形看台和混凝土结构的放射状轴网，这两个轴网所对应的不规则钢结构斜柱列及放射形排布的混凝土垂直柱群，作为已有的场地条件，存在于现有的室内外空间中。为了对它的存在作出回应，新的设计引入了一个黄金分割比矩形格网体系，叠加在原有"鸟巢"的结构主导轴网之上，并将此格网进一步扩展为黄金分割分形模数控制下的矩形板块系统，同时作用于平面和立面，从而以此为基础，建立起一套新的语汇系统，将室内外空间元素（墙、地、顶）一体化处理，并保留和强化原建筑极具表现力的结构构件，生成与"鸟巢"形象空间相协调又并置和凸显自身特征的室内、空间和景观环境。

文化中心的主入口设在"鸟巢"东北入口处，单轴旋转的钢制大门打开，是长长的向内向下延伸的引道，上方是模数控制的矩形混凝土（GRC）板块吊顶，愈向内愈不断加入木质板块吊顶单元，以向大厅室内完全的木质板块吊顶过渡，灯具依板块单元划分留洞设置。引道尽端，即到达容纳片石山水的北侧下沉庭院和零层大厅入口。

在下沉庭院起造抽象的山景水景，竖向层叠的"片岩"假山和水平拼合的水面、池岸、浮桥、平台、亭榭均由模数控制的清水混凝土单元板块堆叠成形，与爬藤、花草、树木相结合，营造出兼具古意和当代感的山水园林。片岩假山其形抽象自明代《素园石谱》的"永州石"，其峰一主两次，并向上延伸至下沉庭院顶部及外侧的"鸟巢"基座景观区，与之游线联通，并设由基座下行进入文化中心的入口。混凝土假山层叠所形成的空间中设有多条木踏面阶梯蹬道，可攀爬、登临，亦有平台、景亭，可驻留、凝望。假山向下延伸为水平向拼叠的混凝土板块池岸和平台浮桥，临浅水，可渡可行可停可坐可望。水边有一木质板面亭榭，亦由模数板块构成，内设咖啡茶座，并与大厅内部公共空间连接。

在同样的黄金比模数控制下，水平片状单元再继续向零层大厅室内蔓延，形成连接零层及地下一层标高的叠落状混凝土台地，兼具展示和观演功能；并在上部

形成沿“鸟巢”基座（即大厅顶板）标高由外向内逐渐抬升的直角折线放射状木制板块单元吊顶，同时在四周形成折线式竖向木板单元式墙体（可收纳活动隔断的夹壁墙）和混凝土墙体及楼梯。吊顶灯具亦根据板块留洞布置，形成整体的照明效果，墙体凹龛处设灯槽，使墙面更具体量感。

除零层东侧局部设置夹层空间（其下为贵宾停车入口及备餐服务区）及西南侧设健身中心外，“台地大厅”是一个层高达 9.5~10m 的通高大空间，外侧是几列上圆下方的垂直混凝土柱群（沿放射状轴网布置）、最内侧是一列由上部延伸入地下空间的“鸟巢”主次钢结构柱，沿外立面轴线弧形布置，并呈现不规则的尺寸和斜向，犹如巨大的钢制雕塑装置，尺度撼人。钢柱内侧是连接楼电梯厅的弧形走廊，可由东西两端的楼梯上达，透过斜钢柱体形成的巨型网格，视线聚焦于眼前一片由上方叠落而下的混凝土台地“山坡”，并继续透过上部大厅入口的通长玻璃，延伸至下沉庭院的混凝土“片石”池岸与假山，企望空间和意境深远。原设计中曾在钢结构网格外面再附加一层细密的钢网，形成半透的帘幕，更增视线中空间的层次感，惜未实施。

室内外材料选择力求与“鸟巢”原有建筑空间气质相呼应，以本色为主。地面用材有：预制混凝土板、整体现制水磨石、天然石材、木地板、地毯等。顶面用材有：GRC 挂板、胡桃木饰面板、白色涂料纤维增强水泥板或石膏板等。墙面用材有：清水混凝土挂板、胡桃木饰面板、GRC 挂板、壁布等。其中在台地大厅中使用的胡桃木饰面而非石棉纤维增强水泥板墙面，既满足地下空间必须使用的 A 级防火材料标准，又保证了室内空间效果的完整呈现。END

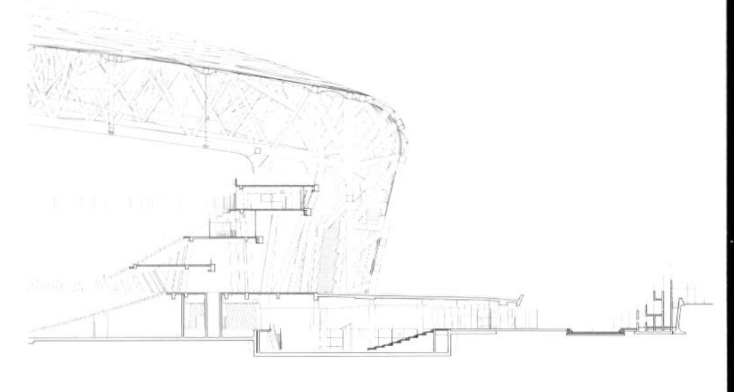

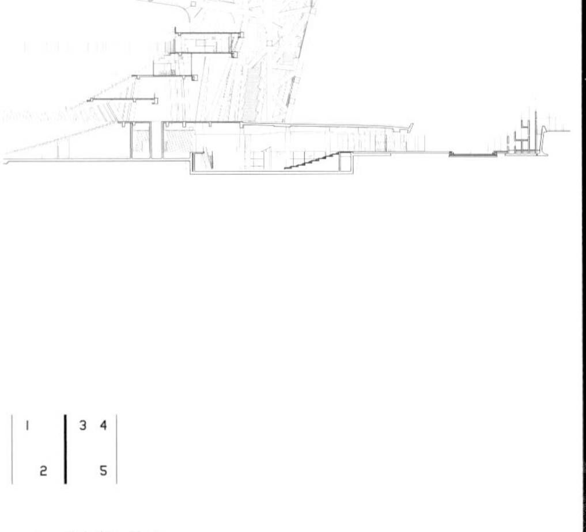

1 “片岩”假山
2 零层平面图
3 整体剖面图
4 下沉庭院
5 零层大厅

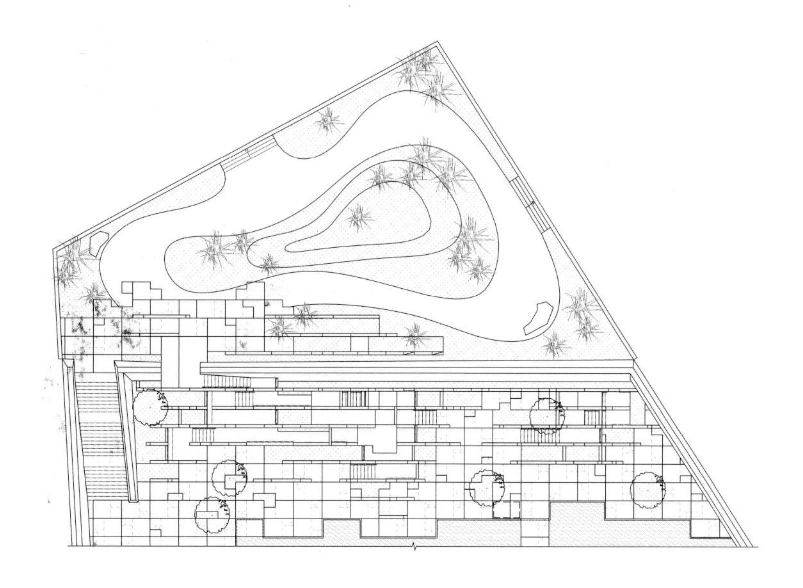

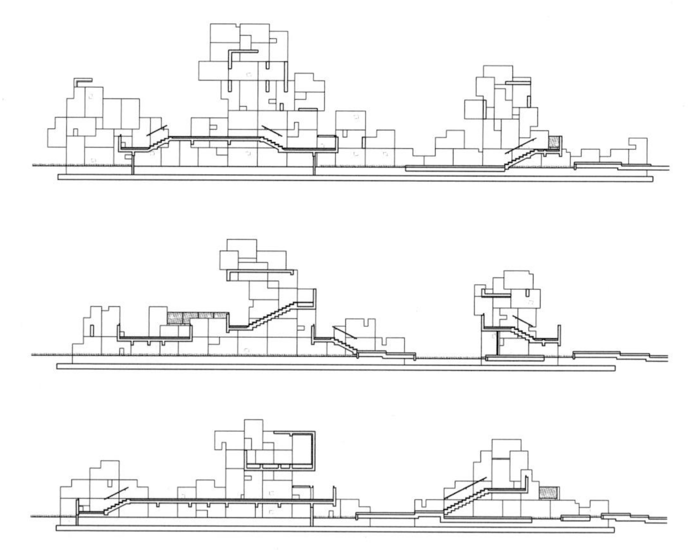

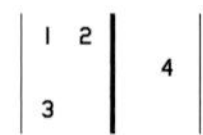

1 景观庭院总平面图

2 “片岩”假山剖面图

3 台地大厅

4 “片岩”假山局部

娘欧码头
NIANG OU TERMINAL

撰　　文	张轲
资料提供	标准营造

地　　点	西藏林芝
设计单位	标准营造 + Embaixada
设计团队	张轲、侯正华、张泓、陈玲、Claudia Taborda、Embaixada(Cristina Mendonca, Augusto Marcelino)、孙青峰、戴海飞
合作单位	西藏有道建筑设计有限公司　中国建筑科学研究院
业　　主	西藏旅游股份有限公司
功　　能	候船、餐饮
用地面积	35 000m^2
建筑面积	3 300m^2
设计时间	2007年～2013年

西藏娘欧码头是继2008年完工的派镇码头之后，标准营造与西藏旅游股份公司合作完成的又一码头项目。娘欧码头坐落在尼洋河和雅鲁藏布江的交汇口。 这里保留有完好的原始景观，而河岸边日益频繁的居民日常活动也似乎等待着一种介入，把自然元素串联起来，形成一个关于天空、山川与人的完整故事。

在西藏，建筑等于景观，景观等于建筑，两者密不可分。我们的营造便是要将建筑嵌于景观中，因此便有了这条迂回错综的悠慢走道，从海拔3000m的观景台沉降至海拔2971m的河岸。这条走道也因此定义了不同空间之间的复杂关系，生成了一个又一个平台和内部场所。建筑的每一块空间也坚实地嵌入了周围的地势，协调着与人体间的微妙关系。

娘欧辗转迂回的下沉方式不仅是对山势的诠释，也唤起了旅程的精神性。如同印度的下沉井在人步步下降的过程中辗转轮回，削弱了人与目的地的迫切联系，娘欧码头也试图延缓旅程。在向河岸的间接靠近中，使人在脑海中积累了靠近水面的幻想，在最后一刻得到释放与满足。

走道辗转处形成一个个开阔平台。平台不仅仅是流线间的过渡，在运动之后的静止中的短暂思考，同时也为瞭望山野建立了一系列独特的视框。平台的边界清晰地定义了视野，突兀的山崖和荒乱的草木也让这个鲜明的视框中的图景夹带了几分令人回味的苍廖色彩。通过设置开阔平台，使人们在此驻足，平台引导着人的视线，唤起了山谷与河流自身的神性，使人心中产生敬畏。我们在探讨一个关于现象的问题：一片景致的本身也许原始冗余而自我重复，然而人们从某个特定角度对它的思考与凝视却能赋予它最高的精神性。建筑所做的，便是提供一个思考的角度，一个凝视的方向。

娘欧码头在与外界景观互动的同时，也满足了日常活动的功能需求。沿公路向上排有船员宿舍、办公室和娱乐设施，沿公路向下至河岸部分有一间主候船室、餐厅、票务室、卫生间、发电间以及其他设施空间。

在个别迂回处，两排楼体围拢成一个户外庭院。站在庭院里的人看到天空的切割，感受到对院外景色的神秘感与未知感。除此之外，这些户外空间更是原始环境和人文环境之间的相互牵制，相互流通，让人曝露回归于山野自然间的同时给予人庇护。

地处一个具有鲜明文化特征的地方，娘欧码头的地域精神不但通过形式，更通过材料得到演绎。荒野中的砾石，经过沉淀，只需将它们采集起来，重新堆砌，便能用以前的语言讲述新的故事。娘欧码头的主墙体为混凝土，外层石墙便是从基地附近收集，由当地的石匠通过自己的砌造方式构成的；墙顶上又覆以一层当地拾来的木柴，嵌在铁栅栏中，使石料的稳重与木料的轻脆产生反差，在一座建筑中融合了两种材料的精神性。END

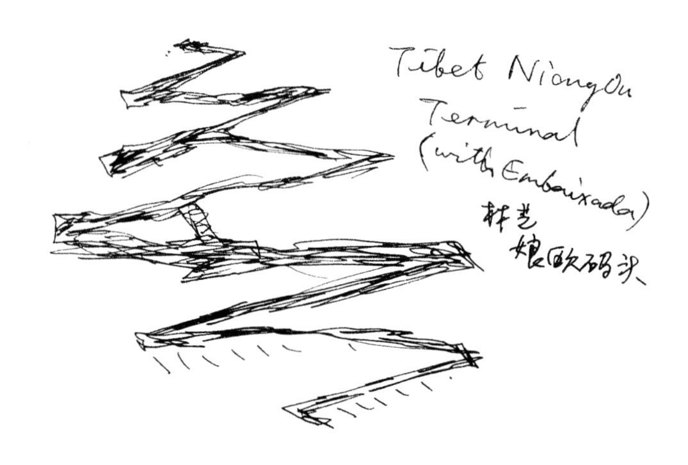

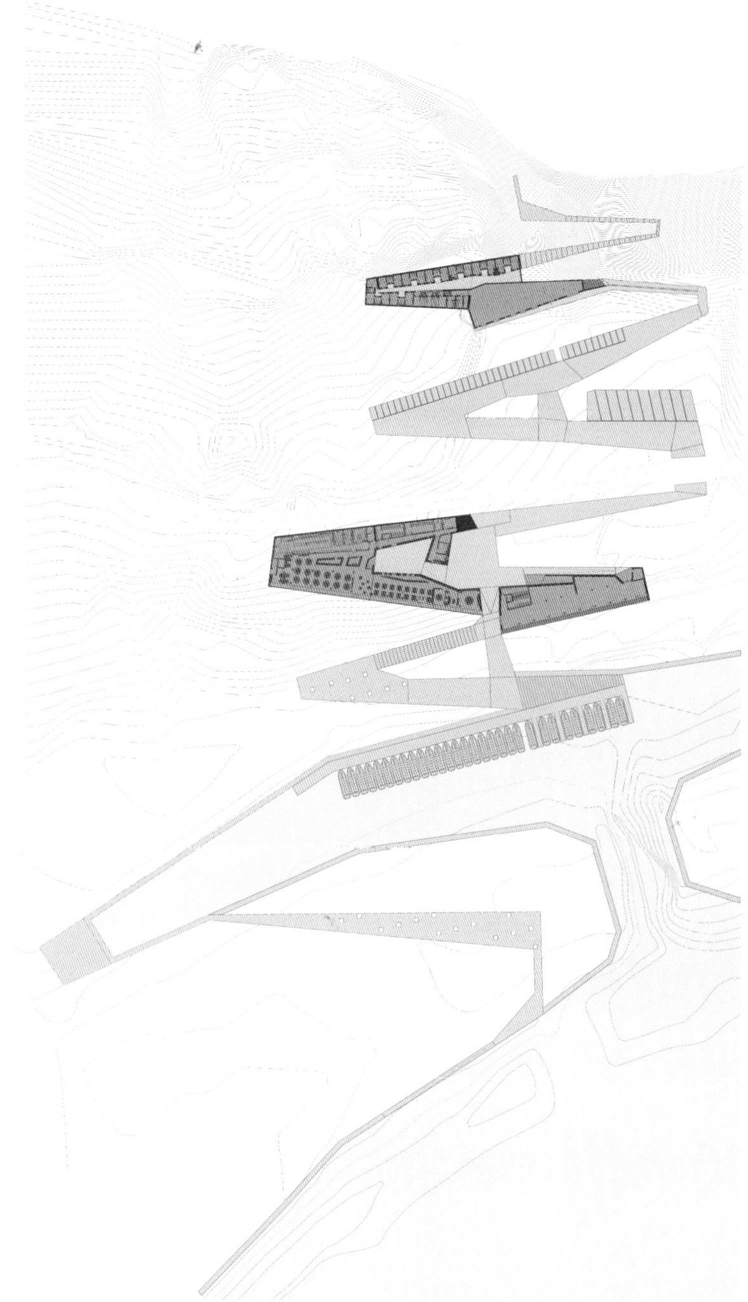

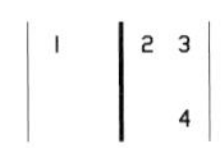

1 廊院内景
2 草图
3 一层平面图
4 全景

1 | 4
2
3

1 庭院远景

2-3 立面图

4 坡道中的条形庭院

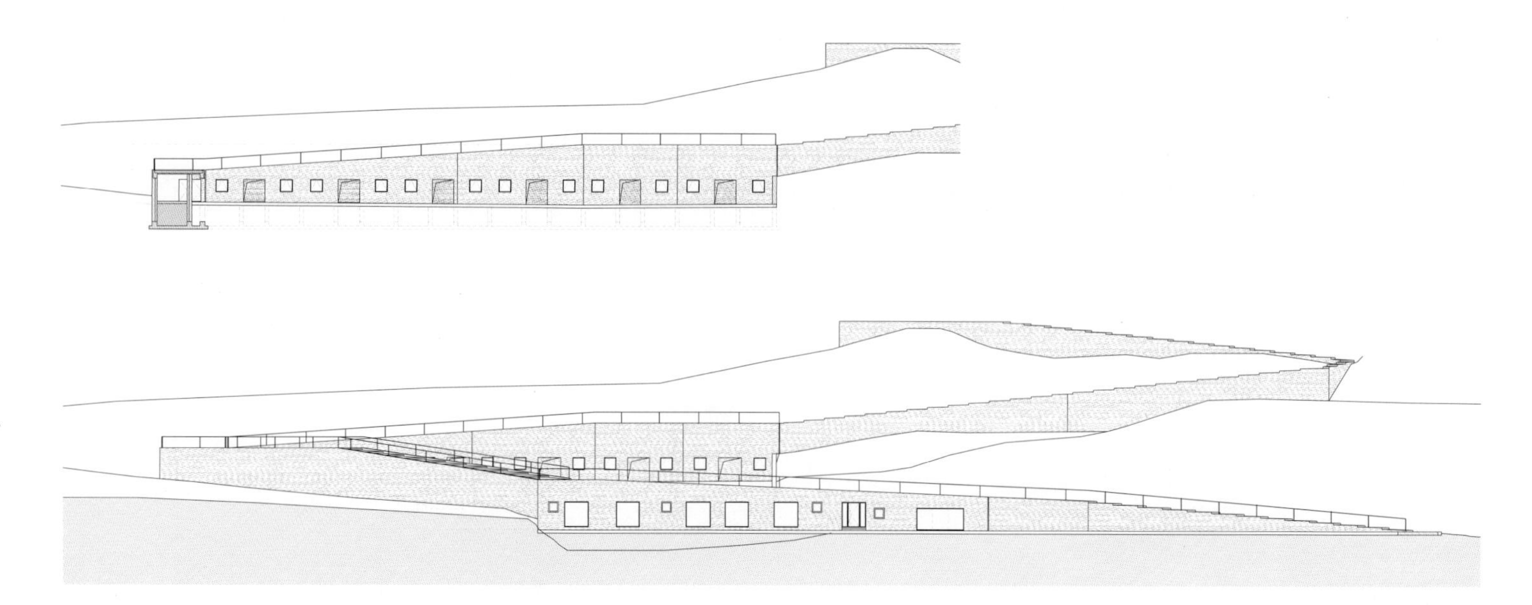

朝阳山矿泉水厂

SHENYANG CHAOYANG HILL MINERAL WATER PLANT

撰　　文 | 白洋
资料提供 | 白洋建筑设计工作室

地　　点 | 沈阳市东陵区朝阳山景区
建筑面积 | 2 675m^2
设计单位 | 白洋建筑设计工作室
建筑设计 | 白洋、黄昊
室内设计 | 白洋、黄昊
结构类型 | 砖混结构+钢结构
设计时间 | 2010年9月~2012年4月
竣工时间 | 2014年10月

朝阳山是沈阳近郊的一座小山，相对高度仅 20m，景区占地 520 余亩。这样的尺度更应称之为“丘”，但因为周边都是较为平缓的农田，而自身又林木茂密，因此有了些许山的模样。山体东西走向，西侧是窄长的洼地，里面疯长的芦苇和荒草正按照景区主人的期待，由水稻田还原为这块地的原初——一片湿地。矿泉水厂就坐落于水陆交界的地带。

水厂由生产和参观两部分结合而成，加上两个水源地看护房，共同组成了一个由砖砌筑的建筑群落。来参观的人会从山上的小路下来，踏上坡道时就会从植物的繁密中缓步进入到由山坡、水厂、水源地看护房和旷野组成的开阔中去。水厂的主体由四个双坡屋顶的房子和一个二层的体量组成，它们通过几个相对高度较低的平屋顶部分串联起来。生产部分串联的主要是室内空间，而参观部分串联的不仅仅是室内参观动线，更是室外空间。正是这个部分使水厂更为积极地与环境连接在了一起。其中参观区东侧的院子与山坡衔接，中部的水院与水源地看护房共同组成了空间上的轴线，而西侧的小院使参观区和生产区保持着空间上的平衡。参观的人在感受这几个庭院的过程中进入厂区参观走廊，按生产工艺流程了解这里矿泉水的生产过程。参观区的地面是经过打磨的砖，它展现出了砖地面超出常规的平整，这与进入建筑的毛石引路形成了触感上的变化，人不仅身体进入了一栋建筑，而且内心也开始被更精细的氛围触及。还有一些参观者会上到二楼，通过木质楼梯的平台，来到了最尽端的地面铺满小块玉石的房间。这个房间是个谈话室，来访的人往往会在下午进入，那时候，西侧的阳光会把玉石地面晒得透亮。这个由粗糙的毛石路、打磨过的砖地面、实木楼梯和平台、玉石地面组成的触感序列在一片润泽的反光中结束。

厂区的平面布局与常规工厂不同，这里基于自身规模、发展能力以及最重要的矿泉水源产出水的效率来规划自身的各组成部分，因此它可以布局成三个不算大的坡屋顶空间的集合，而不是常规工厂普遍适用的、展现高效生产能力的大空间模式。这种较为精细的空间计量其目的是使工厂的整体尺度变小，把对环境的压力降到最低，并且生产区能与参观区的尺度匹配，

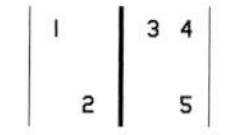

1-2 水厂南立面

3 总平面图

4 水池核心景观

5 水厂西立面近景

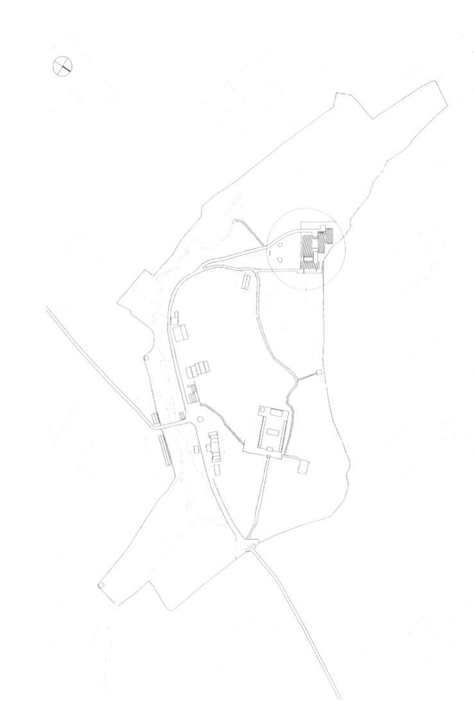

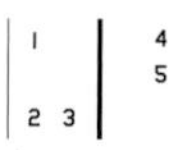

1 二楼平台

2 东侧院子

3 坡道

4 平面图

5 剖面图

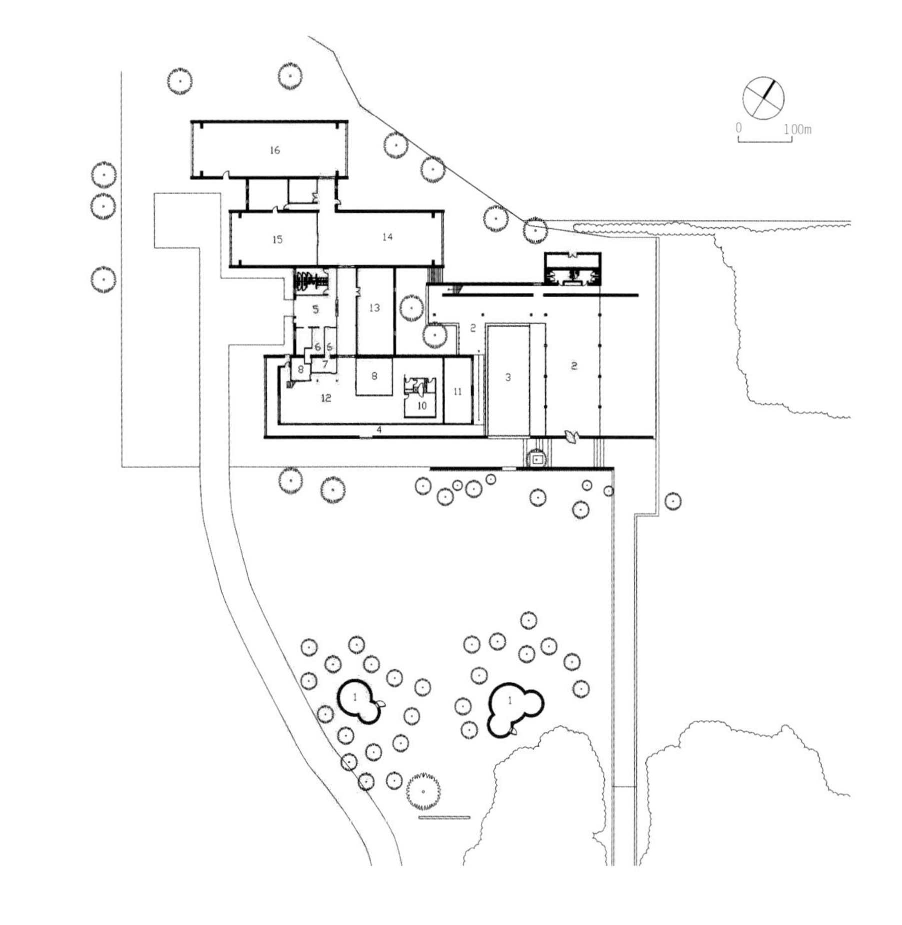

1 水源地看护房
2 展厅
3 水池
4 参观走廊
5 厂区门厅
6 更衣间
7 消毒间
8 配件室
9 吹瓶间
10 三合一车间
11 水处理间
12 500ml 矿泉水生产车间
13 空压机间
14 5 加仑生产车间
15 原料库
16 成品间

1 水源地看护房
2 展厅
3 水池
4 二层平台

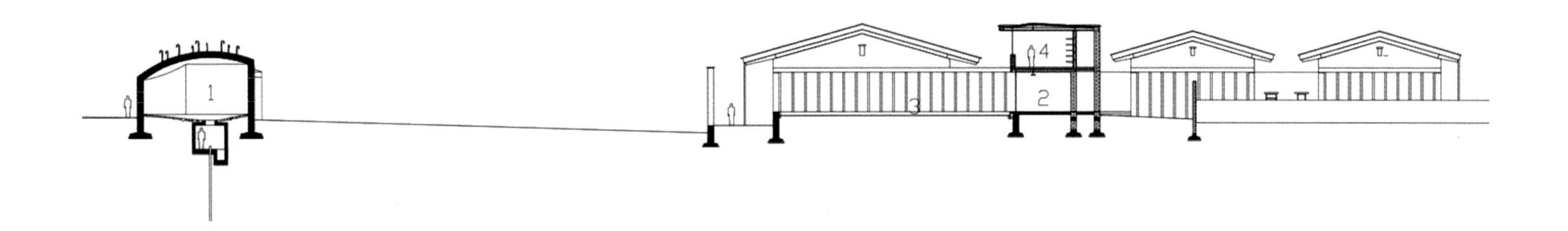

共同组成一个尺度近人的群落。这个群落的砖墙身连接着土地，灰色的金属屋顶连接着天空，每个部分都在最基本地表达其内在的需要：屋顶在内部空间和外部挑檐的交界处出现因保温层而产生的厚度变化，同时在此交界处结合了天沟。落水最终从檐口直插到土地上，表达了较精细的檐口与粗悍的土地的结合。没有屋顶覆盖的砖墙顶端设有出挑的玻璃，它是砖墙在冰雪冻融期间的保护。室内的工字钢柱通过镶嵌木材达到固定玻璃和保温的效果。展厅一层和二层的菱形门斗表达了对寒冷的最底线的对抗。这里的空间和细节在描述建筑为何物。

组成这个群落的还有一个重要的部分——水源地看护房。它们是一大一小两个圆形组合的砖建筑。与水厂的建筑感不同，它们更接近一组构筑物，其形态是内在功能需求整合的结果。以较大的为例：它的平面几乎就是米老鼠的头部形象。大圆是其内部核心空间，其中一个小圆是入口玄关，这是考虑到它临近参观通道，其内部不便直接敞开。另外一个小圆朝向正东方，这里在一年中的某些时刻需要满足人们对水源举行祭拜仪式的功能。建筑的墙体和屋顶很厚，以确保冬季不采暖的情况下水源不冻结；建筑核心区的高度是其球面屋顶的最高点，这与水源地抽水管道维修直接相关；建筑的砖砌体中设有一些玻璃体，它们是水源地防护性、隔热和保温需求的产物，玻璃体密度的变化与阳光在不同角度的光照效果相关；建筑屋顶上的弯头钢管是适度通风和防护的需要。当人们推开沉重的砖门，会在谨慎的进入中适应里面昏暗的光线。空气的温湿度几乎是恒定的，这种恒定使空气更像一种实体。随着砖门的关闭，外界的声音都消失了，逐渐下沉的石头地面在引导人们向着这个浑然空间的中心走去。砖墙、混凝土穹顶、石头地面，这些凹形的实体在包裹着空间整体，并最终与昏暗融为一体。在这种昏暗中闪烁着玻璃体的光，它们在白天跃动的闪光最终会在夜晚变成漂浮在虚空中的光斑，在那个日常现实中的实体与虚体发生彻底颠覆的时刻，我们会开始感受到永恒。END

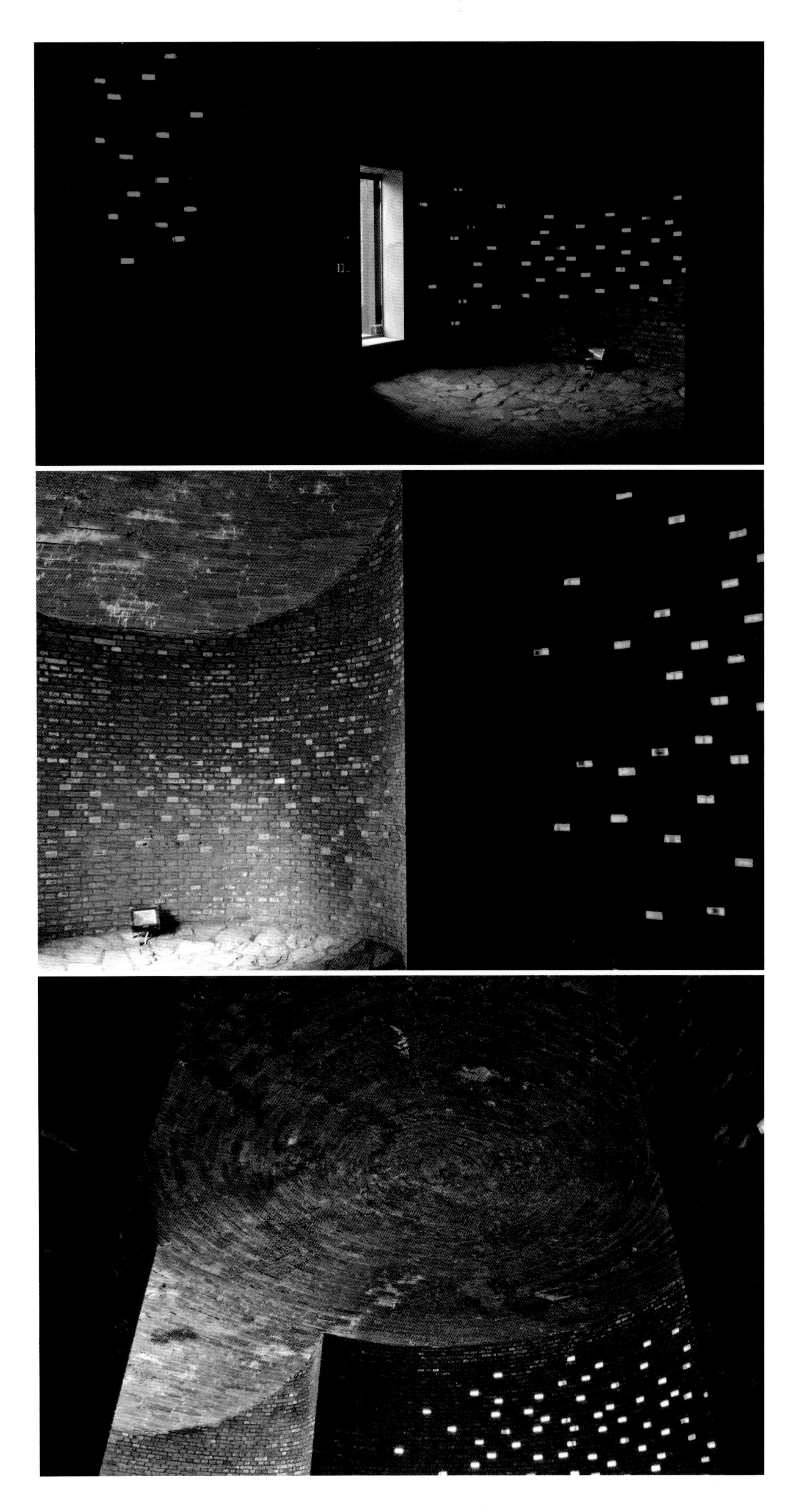

1		4
		5
2	3	6

1 二楼平台

2-6 水源地看护房

淮安实联化工水上办公楼

THE BUILDING ON THE WATER, SHIHLIEN CHEMICAL

摄　　影 | Fernando Guerra
资料提供 | 阿尔瓦罗・西扎建筑事务所

地　　点 | 中国江苏省淮安市洪泽县
主要建筑师 | 阿尔瓦罗・西扎、卡洛斯・卡斯塔涅拉（Carlos Castanheira）
中方设计单位 | 中联环设计
总建筑面积 | 11 000m^2
设计时间 | 2009年
竣工时间 | 2014年

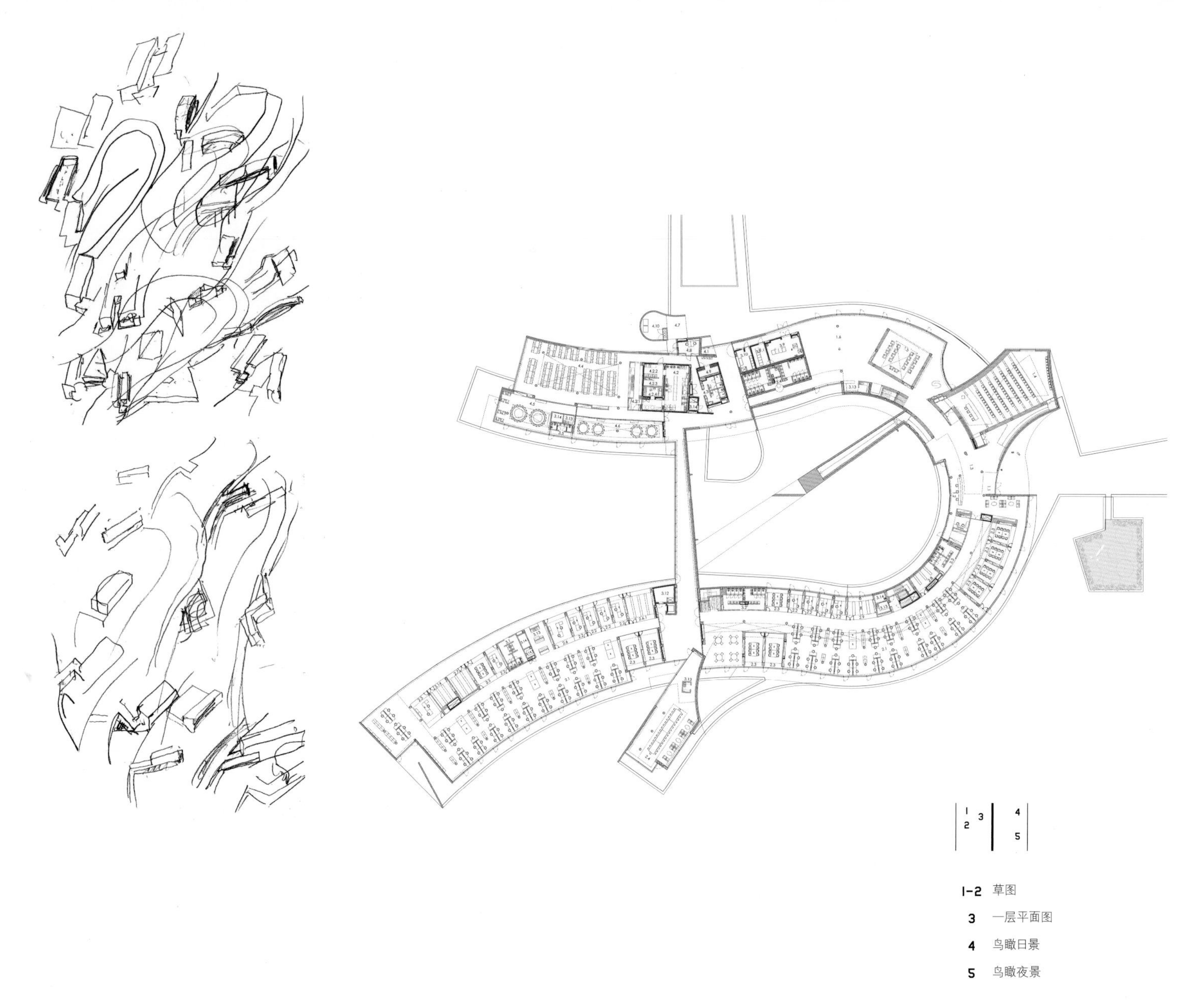

1-2 草图
3 一层平面图
4 鸟瞰日景
5 鸟瞰夜景

2014年8月30日，阿尔瓦罗·西扎在中国的首个作品——实联化工办公楼在江苏淮安亮相。该建筑位于$10hm^2$的人工湖上，作为西扎的全新尝试，他将环境中的重要元素，“水”与建筑巧妙融合。设计充分利用诗意的环境和自然光，当凝固和真实遇上流动与空灵，建筑在宁静中仿佛跨越了地域与时代，呈现出一种近乎永恒的普适美学。

建筑为水上两层，流线形体总长300m，总面积$1.1hm^2$。以纯净白色清水混凝土打造，设计与建造历时4年。建筑的几何形体与隔岸厂房的功能性矩形体量相互对应。自体的弧线扭转，交替开阖，在水面环绕的特殊氛围中，形成诗意的景观，仿佛盘踞水上的潜龙。一层的屋顶所铺设的绿色草坪赋予了建筑除水面以外的第二层基底，为整个建筑体营造出细腻丰富的层次感。直线形的桥梁纵横于蜿蜒的几何形体之间，连接起不同的空间与楼层，同时作为曲线形的对比因素遵循着对比中的融合与统一。西扎充分运用原水池之环境元素，光与影的投射、水波与倒影所产生的自然变化展现出万种气象。无论从地面、水面或空中的视角，实联水上大楼均以自身优雅而自律的建筑语汇，宁静地表述着当一个实体轻轻触碰虚体时所产生的美。

室内空间随着几何形曲线蜿蜒展开，大面积白色墙体及顶面，结合块面变化巧妙地构建了内部空间，同时引导着人流动线的起承转合。通透的玻璃材质穿插其中，为整栋建筑内部空间提供了良好的采光并呈现出丰富的光影变化。办公空间的性质为这座诗意的建筑增添了一份理性与冷静，在白色与灰色构成的低彩度的室内环境中，优雅与效率并存、感性与理性兼备，在其中折射出阿尔瓦罗·西扎对于度的把握与掌控能力。

整座建筑完整地诠释了西扎这位世界建筑一代宗师的创作理念与特色。它以简单却极其优雅的色调与诗意的构筑来呈现室内外场景。建筑师对建筑尺度的精准控制与对环境的敏锐反映，奠定了其独特创作基础。西扎朴素、极净的建筑语汇与大面积的水体紧密联结，加上对特定地域、人文与中国传统历史与文化的尊重，使其作品散发出一种令人无法抗拒的张力与生命力。实联集团董事长林伯实说：阿尔瓦罗·西扎大师一贯的尊重人文与环境和谐共存的设计理念，将建筑物与水景、工业厂房巧妙融合。这是这位建筑大师在中国的第一件作品，它将带给中国的工业厂区建筑全新的启发，意义非凡。

最后用建筑师喜欢的一句话来作总结：设计呈现出作为一座建筑该有的样子。END

1 通向二层的坡道

2 圆窗

3 草图

4 临水界面

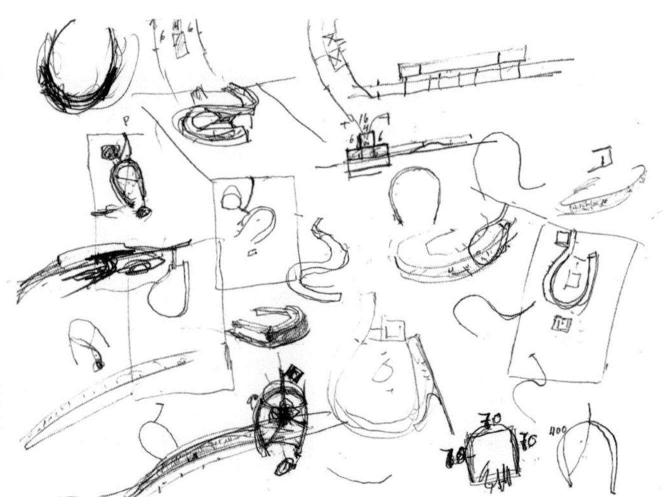

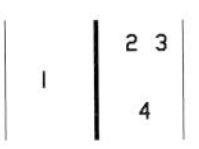

1 办公区
2 室内坡道
3 廊道
4 临水走道

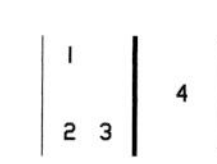

1　报告厅
2　休息区
3　办公区
4　照明与光影

苏纶场近代产业街区更新

SULUN YARD MODERN INDUSTRIAL BLOCK REGENERATION

撰　文 | 陈泳
摄　影 | 姚力
资料提供 | 九城都市建筑设计有限公司

地　点	苏州市护城河南岸地区
面　积	北区　7.6hm²（地上）；6hm²（地下）
建 筑 师	陈泳
设计团队	九城都市建筑设计有限公司
建筑设计	姜磊、沈启明、于健、谭冰、许天、邓宏峰、沈春华、王凡、李凌云
结构设计	李红星、刘兰珣、吴玉英、钟建敏、龚明华、毕求
业　主	苏州嘉凯城集团
竣工时间	2015 年

苏州苏纶厂建于清光绪二十一年（1895年），由苏州最后一位状元陆润庠得到洋务大臣张之洞的鼎力支持而创办，它是苏州最早的机器纺织企业，也是当时中国为数不多的机器纺织企业，与南通大生纱厂、无锡勤业纱厂同为“中国纱业之先进，亦新工业之前导”，经历了苏州这一中国传统城市向近代工商业城市艰难蜕变，成为展示苏州古城早期现代化的重要图景。近年来，城市化进程的加快使这里一跃成为城市中心区。2004年底，在“退二进三”的旧城更新背景下，几经商海沉浮的百年老厂关门停产，昔日车间隆隆的机器声已不再响起。依据规划，$11.5hm^2$的苏纶厂区将更新成为融购物休闲、餐饮娱乐、星级酒店、商务办公和酒店式公寓为一体的城市公共活动区——苏纶场。

街区

无论从大的城市区位，还是本地块的地段文脉，这里都迥异于幽雅秀逸的苏州水乡城镇，包涵了异常丰厚浓郁的民国文化氛围。新的设计摈弃常见的大型封闭式的购物中心模式，在保留建筑较多的北侧地块，重塑高密度、小尺度的民国街区肌理，将闲适的逛街购物体验引入产业基地。更为重要的是，这可以将原本各自为政、散乱布局的产业建筑通过街区的组织，形成新旧共生的整体，并将它们展示在公共活动区，显现历史印记。在这里，产业建筑是公共空间的基础与核心，而新建筑是公共空间的延续，在体量与材质上注重与周边人文环境的呼应，营造具有工业文化特色的商业购物街区。街区内通过院落空间的内置与重组，提供休闲驻留场所，再现近代里弄街坊的空间精神。

镶旧

苏纶厂历经清末近代工业化的初创、民国民族产业的探索和新中国工业的大发展等3个重要历史时期，基地内既保留了小体量的清水砖墙建筑，如清末民初的老一纺车间、变电所和小洋楼等，也有20世纪七八十年代之后建的三纺车间和体量巨大的钢筋混凝土建筑织造车间，由此呈现出不同时期产业建筑的无规则拼贴。而新建筑的布局与设计都有意识地强化“镶嵌”的概念，采用灵活的体量组合以新补旧、新旧穿插，将它们得体地缝合在一起。如基地北侧作为面向护城河的城市界面，采用3个新建筑的体块组合与界面连续，在两栋尺度与风格差异悬殊的保留建筑（老一纺车间与织造车间）之间形成体量与肌理的过渡，共同塑造历史与时尚相互辉映的护城河沿岸整体景观。

注新

基于产业建筑风貌、结构质量与建设年代等方面的综合分析，发掘历史建筑再利用的现代基因。对于清末民初的文物建筑（如老一纺车间、变电所和小洋楼等）采取专业性的保护、修缮和加固措施，内部注入文化展示、餐饮与咖啡等时尚功能；对于20世纪70年代建的单层厂房则打开封闭的外墙，通过外廊设计突显其独特的锯齿形采光天窗和结构体系，并在扁平的大车间中植入儿童游乐设施与器材，成为少儿活动的新天地；对于20世纪80年代之后建的织造车间，利用其容量大、空间高和结构好的特点，引进精品百货和超市等商业功能使之公共化，并在其顶部加建观景休闲空间，成为北瞰苏州古城与护城河风光的上佳场所。新建筑注重社会活力与人性化的思考，目标是将原来以“物”为主的工业厂区转换成以“人”为本的市民场所。街坊底层空间采用小开间的店面划分，尽量通透开放，促进室内外的活力交流与互动，并利用玻璃雨篷和骑楼等方式营造舒适的、全天候的商业户外通廊。

砖料

基地内近代产业建筑都是以砖作为主要建筑材料，形成一种极具历史意象与怀旧氛围的空间特质。新建筑外墙延续真砖砌筑的方式，粗糙而耐用的砖墙暗喻苏纶厂历久弥新、厚重沉稳的场所品格。考虑到大规模的砌体外墙施工特点，砖墙主要采用在结构层外的双层砖垂直向叠砌方式，每隔60cm设水平钢筋拉结加固，这可以与近代保护建筑的砖砌立面保持差异，也大大节省了施工造价与时间。为了凸显不同街区组团的识别性，新建筑尝试砖的色彩配比与砌筑方式的各种可能性，但砌筑工法相对简单，即采用整砖而少切砖，并加大灰缝深度以增加砌筑的效果，希望通过标准化的砌块和个性化的砌筑工艺来呈现墙面自然建造的凹凸逻辑。在街区重要节点处，通过砖砌纹理的重点设计使传统的青砖焕发新的生命。例如，主入口建筑的山墙采用不同肌理与密度的青砖叠砌，展现苏纶厂各个历史时期的建筑屋顶形态的演变，阐释产业街区的特色意象，为此地区的情境塑造注入叙事性、人文性和历时性。

产业地区并不是孤立于城市而存在的，它是城市重要的有机组成部分和珍贵的人文资源。项目在整合护城河生态资源、组织地区水绿网络、激发地铁交通潜力、构建立体复合商业等方面也进行了积极探索，其目的都是为了将新的城市生活注入衰败的产业基地，力求在大规模商业开发中保护历史的延续性和文化的识别性，使之成为老城区社会活力再生与环境品质提升的契机。END

1 2	5
3 4	6 7

1 街区鸟瞰

2 街坊 B 内院

3 街区内景

4 总平面图

5 街坊 A 内院

6 砖砌细部

7 骑楼商业空间

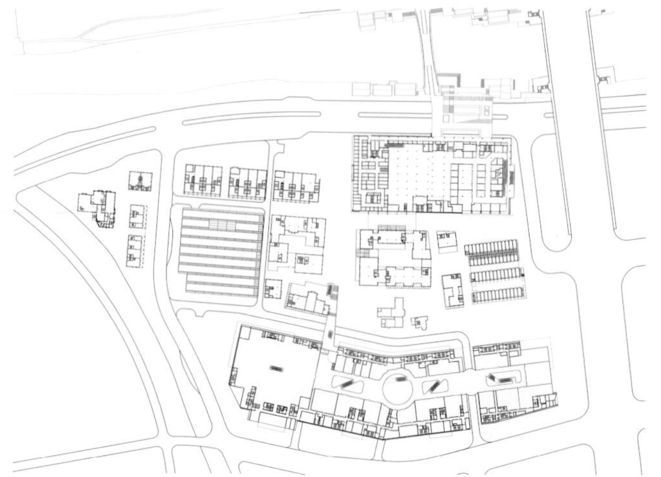

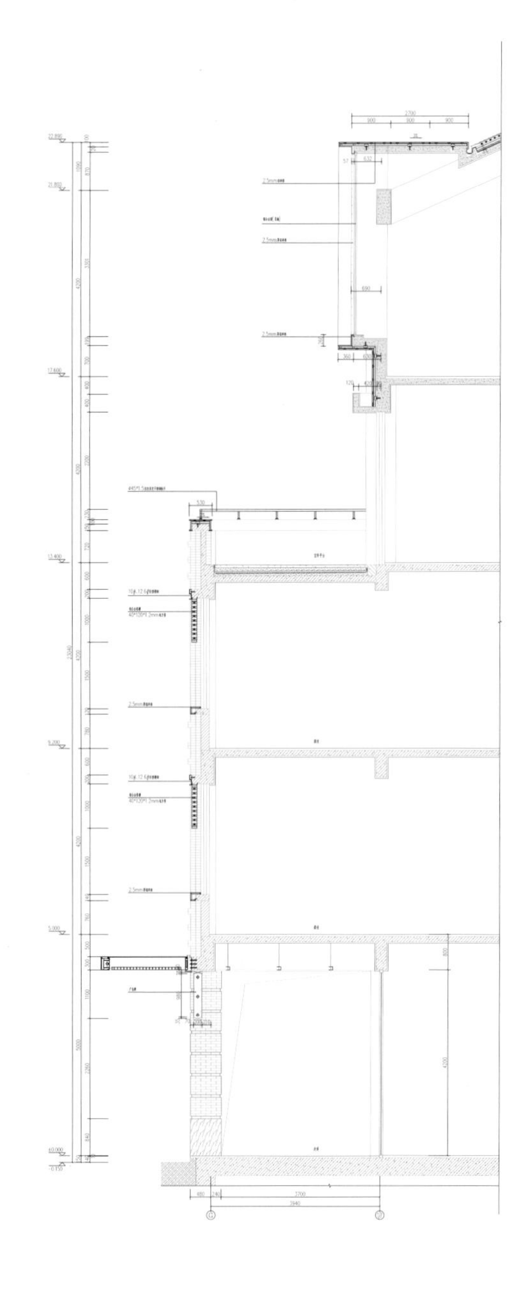

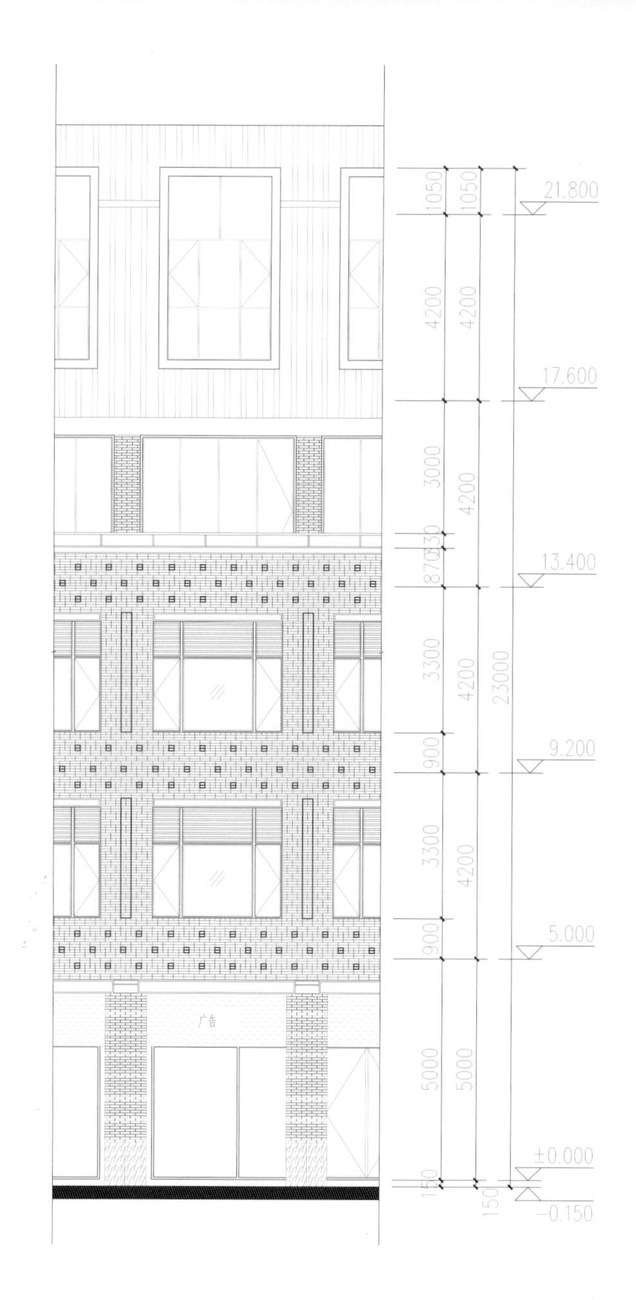
21.800
17.600
13.400
9.200
5.000
±0.000
-0.150
1050
4200
3000
3300
900
5000
150
23000
广告

1 | 3 4
2 | 5

1　墙身节点图
2　新旧建筑的屋顶呼应
3　盘门路主入口实景
4　砖墙展示产业建筑的屋顶演变
5　厚重沉稳的砖墙

婺源松风翠山茶油厂

SONG FENG CUI TEA SEED OIL PLANT

摄　影	曾江河
资料提供	畅想建筑设计事务所

业　主	松风翠有机农业发展有限公司
设计单位	畅想建筑设计事务所
地　点	中国江西婺源
设计团队	罗四维、卢珊、周伟、张俊、杨燕
建设单位	徽・印象古建筑公司
设计时间	2012年2月~2013年3月
施工时间	2013年3月~2014年12月
面　积	茶油厂 3 018 m^2 廊桥 195 m^2 雅舍 866 m^2

松风翠有机农业发展有限公司位于婺源县江湾镇中平村。婺源为古徽州六县之一。作为生态扶贫互助项目，公司采用“订单+农户”模式；原材料收购自周围深山数个小村庄，既帮助农户脱贫小康，又形成山林循环经济。项目存在双重限定：一是厂内限定，即它必须满足生产工艺要求；二是厂外限定，建筑必须对所处场地的自然环境和历史人文环境作出善意的回应。

基地是沿河展开的一个狭长形，受工艺流程和地形的双重限制厂房也只能是一个长条形。在不影响工艺流程和满足设备净高的前提下，我们把约160m长，13m宽的厂房折成一类“Z”字型。屋顶采用对角线式双坡顶，最高处10m，最低处5m，以降低建筑体量对环境的压迫感。

建筑材料以旧青砖、旧瓦、旧门板为主。旧砖主要有三大作用即墙体自承重、空间围护和保温隔热。旧门板主要用在天棚吊顶、夹层墙身处。旧瓦主要功能是保温隔热而非防水，同时也是新老建筑间的视觉联系。

除生产工艺要求以外，内外主墙面均为清水砖墙，木板均原色。大部分旧砖与门板均留有时间积淀形成的表面痕迹，个别门板上的门神或祥瑞还依然可见，殊为难得，整个建筑内外呈现出丰富的细部质感。建筑檐口均为斜面，砖墙檐口封顶时采用和墙身相同砌法，并顺势作锯齿状退台处理同时也取得了另类视觉效果，我们称之“像素檐口”。

旧建材本身很便宜，但收集处理翻新需要耗费不菲的人工。因此使用旧建材造价不比新建材合算，但就整个系统的自然生态价值、社会人文价值而言是合理的。目前只能靠业主和设计者的自觉，而这是不可推广和不可持续的，必须有国家和地方法规、政策、税收等的支持。END

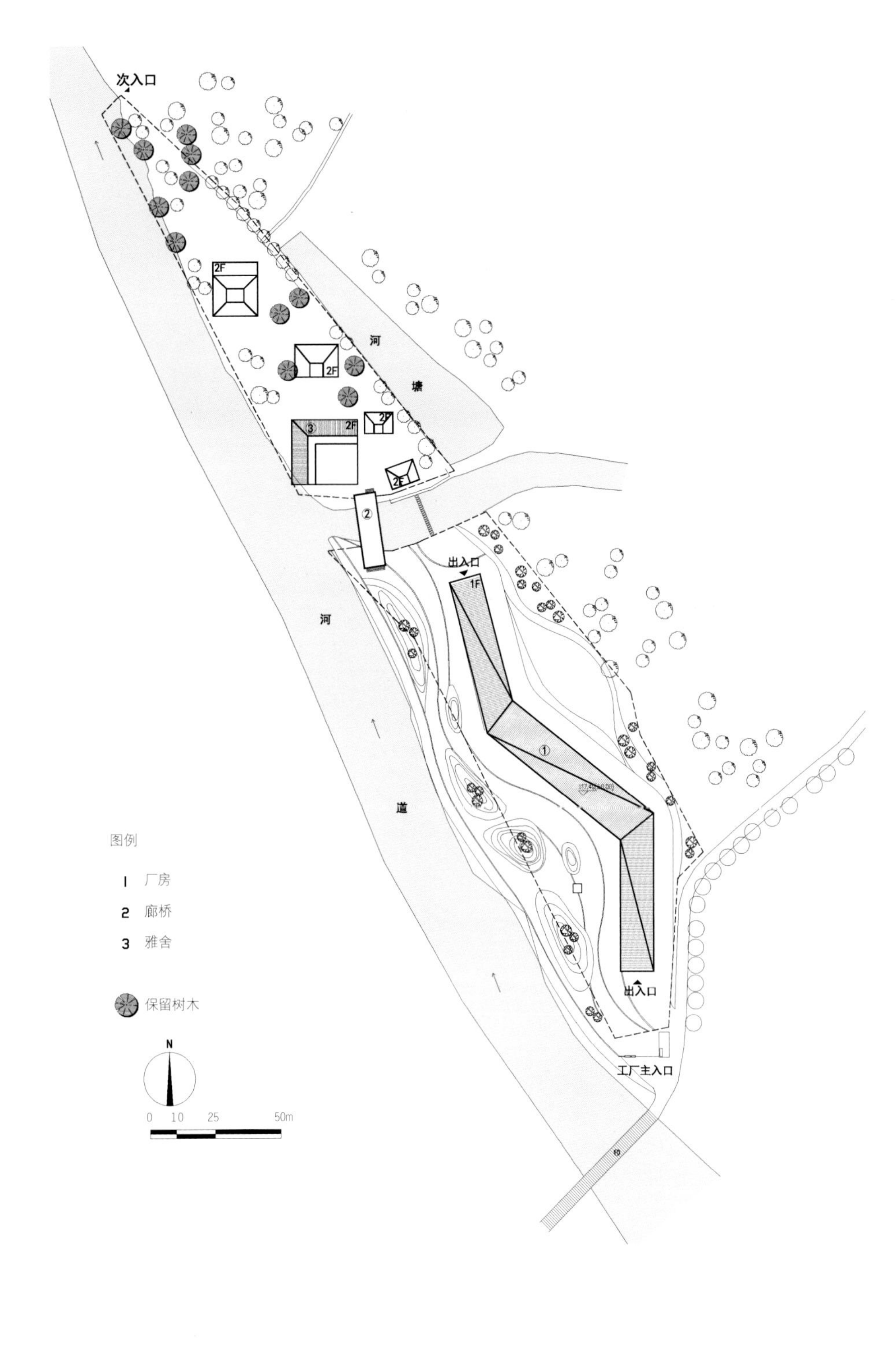

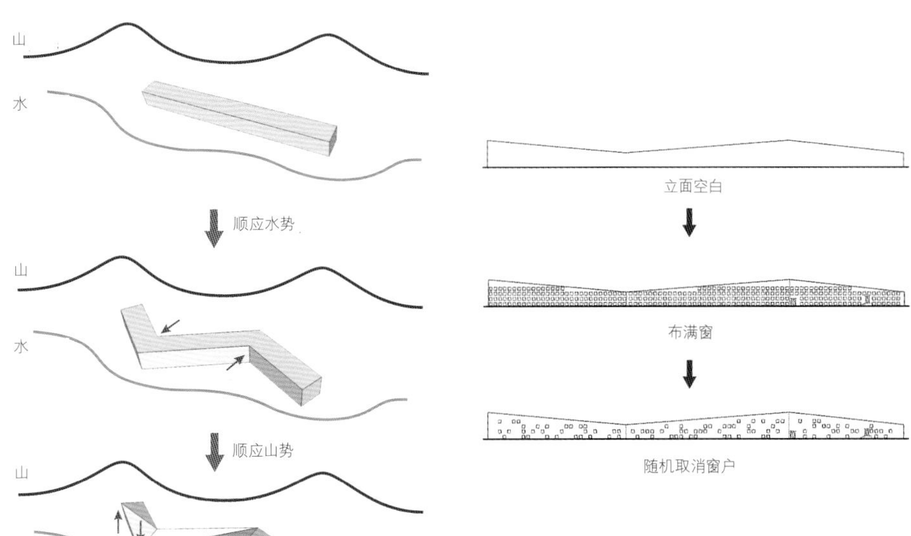

1 临水外景
2 俯拍场地
3 建筑外观
4 总平面图
5-6 立面造型的演变

1 走廊

2 入口

3 工厂区

4 大堂

1 俯观廊桥
2 廊桥空间与水的关系
3 通道
4 雅舍外观
5 砖影下的通道
6 雅舍全景

东莞万科中心销售会所

SALES CLUB OF DONGGUAN VANKE CENTER

摄　影	井旭峰
资料提供	深圳市坊城建筑设计顾问有限公司

地　点	中国东莞市莞城区
设计单位	深圳市坊城建筑设计顾问有限公司
主持建筑师	陈泽涛 苏晋乐夫
项目团队	卢志伟、郭旭生、梁杰、Matthew Marano
建筑施工	悉地国际
景观施工	深圳市园冶环境设计有限公司
室内设计	李益中空间设计
业　主	东莞万科房地产开发有限公司
建筑面积	666m^2
设计时间	2013年~ 2014年

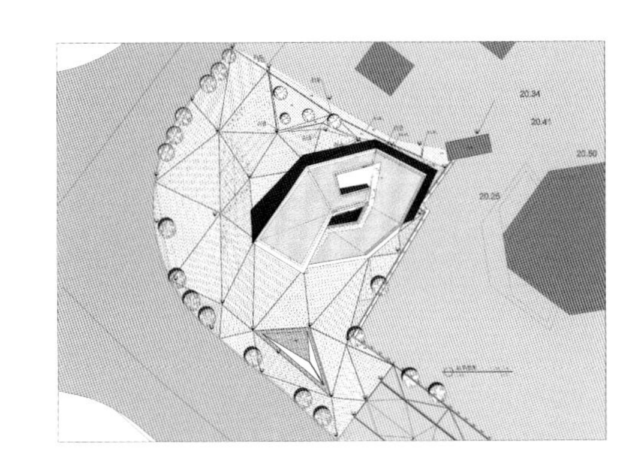

1 外观
2 总平面图
3 水景
4 俯视

位于深圳和广州中间的东莞市正处于急速发展的时期。坊城建筑被要求为一个600m² 的销售中心提出一个设计计划，这栋销售中心是为房地产开发商万科集团设计建造的，这个营销中心将拥有多种使用功能。大楼坐落在东莞一个中心区域中，建筑物占据了这个区域的一个角落，毗连其他正在开发中的新工程。这样的位置对项目的设计过程来说既是一个优势又是一个挑战。

销售中心最开始被设计成了有棱有角的形式，从地平面缓缓盘旋上升，从而在空中重建了相应的地平面，并改变了使用者对地面和建筑结构的感觉。为了达到这个目的，我们在场址上设置了一个宽松的三角形网格，这个网格穿过了整个场址以形成广场一样的地形特征。地形网格的中部后来被拉伸成了两层，并通过和缓的斜坡连接起来，形成一个有效的、可用的绿色屋顶。

建筑物两层楼的部分是悬臂式的结构，里面包含着办公室的两个样板单元。样板单元的阳台面对着一堵大的玻璃墙壁，在这里的视野就和将来其他大部分出售的单元接近。

在这个销售单元后面是一个作为主要销售大厅的流动两层挑高空间，巨大的内凹屋顶天窗，让销售大厅沐浴在来自北侧的漫射天光中。这个横向的取景窗同时也清晰地展示了室内外的关系。

建筑物剩余的功能，包括职员的办公室、卫生间和储存间，都顺延着安排在大斜坡的下层。整座建筑就像一个城市的潜望镜静静地伫立于此，作为东莞万科中心的主要销售厅的功能结束之后，这里将被改造成对城市开放的零售或者是其他性质的公共空间。END

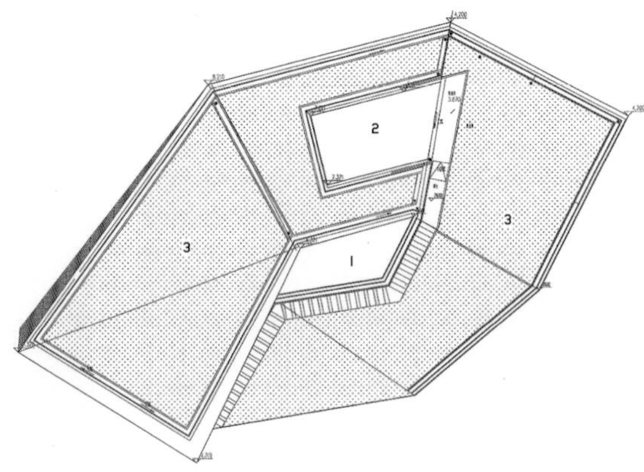

1 水池
2 露台
3 绿化屋面

屋顶平面图

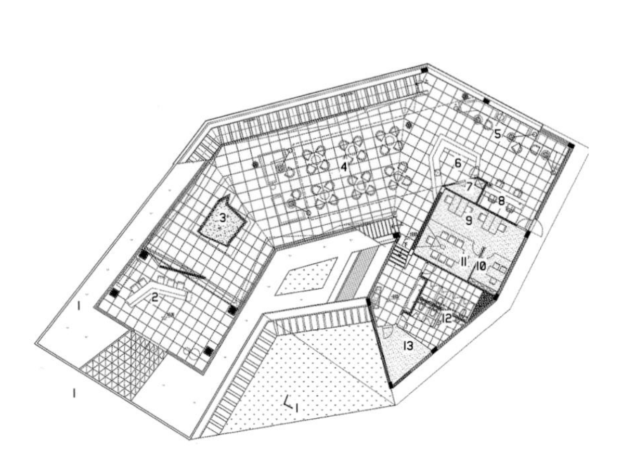

1 水池
2 接待区
3 沙盘区
4 洽谈区
5 签约区
6 水吧
7 储物区
8 财务 / 收银区
9 开放办公室
10 经理室
11 会议室
12 卫生间
13 配电室

一层平面图

1 洽谈区
2-3 平面图
4 公共空间

张绮曼：承上启下的那一代

撰　文 | 徐明怡
资料提供 | 张绮曼

ID =《室内设计师》
张 = 张绮曼

张绮曼，中央美术学院建筑学院教授、博导。1980年~2000年在中央工艺美术学院（现清华大学美术学院）先后任职副教授、教授、博导、室内设计系主任、后来的环境艺术设计系主任。中国环境艺术设计专业的创建人及学术带头人。

在1986年担任中央工艺美术学院室内设计系主任期间，经她申报、国家教育部批准扩大专业为环境艺术设计专业。主编大型专业工具书《室内设计资料集》、《室内设计经典集》、《室内设计资料集2》、著有《环境艺术设计与理论》、《室内设计的风格样式和流派》等书，仅《室内设计资料集》已出版发行一百多万册。并由台湾繁体汉字再版海外发行。

参加及主持大型室内设计项目四十余项，如：北京人民大会堂西藏厅、东大厅、国宾厅，毛主席纪念堂，民族文化宫，北京市政府市长楼、外事接待大厅，北京会议中心，北京饭店，新加坡中国银行，中国国家博物馆，隋唐洛阳城国家遗址公园天堂与明堂等。公共艺术品创作二十余项、自工作以来完成设计项目共一百余项。

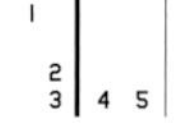

1-3 德州三国广场
4 庆云人民广场
5 珠海金太阳大厦内景

早年岁月

ID 您的家庭背景是怎样的？对您之后的职业生涯有什么影响吗？

张 我从小是在上海长大，成长于知识分子家庭。我的父亲是老交通大学的毕业生；我母亲是女子师范毕业的，教授古代文学。她喜欢美术，也有天分，平时常画些花花草草，有时还能贴绣出来作装饰之用。母亲还喜欢京剧，注意京剧服装的色彩搭配。她给我和妹妹买翠绿色的上衣，这种大胆选色的念头是来源于她见到京剧中青衣、花旦的翠绿头饰对比加强了面颊的红润，这样的补色关系能起到更加衬托的作用。我的表姨与表姨夫也对我影响很大，表姨夫是浙江美院绘画系毕业的，他在家里画了大张的仕女图立于墙前，我每次走过都要看上许久，对那张画的印象特别深。

我的小学、初中、高中都是在上海念的，大学才考到北京。我年轻的时候其实就两个特点，一是喜欢美术，二是体育好、身体好。身体好这点是我一辈子都受用的。小学是在紧邻交通大学的华山路小学读的，我当时功课特别好，做模型也非常出色。小学期间经历了解放，初中是在徐家汇的市第四女中、高中是在南洋模范中学念的。因为我的美术好，学校里所有的黑板报都是交给我画的。高中上课的时候，我老爱画电影明星美人头像，画完以后就在班里传来传去，被同学留作纪念了。高三的时候被上海市学生划船队和徐汇区女子手球队抽去集训半年。每天教练带队要做从淮海体育场跑到龙华再跑回来共 1 万米的预备活动，回到淮海体育场才能吃早饭。

ID 室内设计在当时应该并不是个主流热门专业，您怎么会选择这个专业？

张 我父母都是民主人士，在上海我有很多机会进入高级场所。我看得比较多，对室内设计也就产生了浓厚的兴趣。考大学的时候填志愿，统考的志愿我报的是同济大学。艺术院校招生是在统考前，我看到中央工艺美院在招生，当时叫“建筑装饰系”，但在介绍里是室内装饰，我对这个专业有兴趣，就报名了，这在当时确实比较另类。实际上，我还报了上海戏剧学院的舞台美术系。

在考专业课前，我没有画过素描色彩，只是会用铅笔画点勾线的速写，那时候也没有考前培训班，没有人来教我们。上海戏剧学院的舞美系考的是素描、色彩，不考图案；中央工艺美院考的是素描、色彩和图案。考中央工艺美院时，图案我考得挺好，试题是一本书的封面设计。我画了一只开屏的孔雀，底下是书的标题。这只装饰性很强的孔雀很符合工艺美院的路子。考完试后，我就不想去上海戏剧学院了。但我一直没等到中央工艺美院的录取通知，后来我就写了封信给招生办。我问为什么我的通知没有收到，我很盼望能到北京上你们的学院。教务处很快就回了信，当时的教务处长是杨子美先生，他说：“你成绩合格了，但上海戏剧学院已经录取你了，你应该到那儿去，如果你喜欢工艺美院的话，就应该和那边商量好，不要一个人占两个名额。”这封信至今还保存在我的保险柜里。后来我很快回信表态：我要到工艺美院来。这样，我就连正式的录取通知都没有，拿着教务处长那封亲笔签名盖章的信去报到了。

ID 北上后，中央工艺美院是怎样的状况？

张 我是1959年考进来的，1964年毕业，那会儿是五年的学制。奚小彭先生带我们班，我们是第三届，正式招生15人，后来又收了几个代培的，一共22人。在这个班级里，有些是像我一样高中毕业的；有几个是美术附中毕业的，他们学过素描、色彩，画得很好——像我这种只画过一张素描的新生显然处于劣势。但我用了一年多的时间就赶上了他们，到了毕业时，就名列前茅了。

那时候的学术氛围特别好，精神状态也与现在完全不一样，心无旁骛，生活简单，想着就是学习，学好本领今后为国效劳。当时所有的大学都是公费，家长给生活费。在那个年代，生活特别简朴，穿戴也很朴素。每个月大概十五到二十元就够了。学校里头有农村来的，也有工人子弟。农村来的学生，夏天穿个白布衫，冬天是个黑棉袄，冬天的棉袄要到五一才脱掉，换上白布衫，没有毛衣，棉袄里头油光光的。农村的学生都是这样的，可是没有人笑他们，大家都很努力念书。

整个大学时期都是难忘的，老师都对我们特别好，尤其是对我们这些用功的学生。我们班一共有六个女生，就我一个是外地的。她们的家庭条件都很好，一到周六的下午就回家了。宿舍就我一个人待着，休息时间又成为我的学习时间，我就画速写临摹资料，跟着学校里用功的学生一起出去写生。经过我的努力，整个大学阶段的成绩进步得挺快，到现在我都觉得，一分投入一分回报。那会儿，中国的美术大师都会到我们院里来，包括以前中国美协的那些著名的画家们都来过，许多第一代大师们都教过我，所以我觉得我们是承上启下的一代。而现在，我的学生们都挑大梁了，大多成了学术带头人了。

ID 在那个年代，中央工艺美院教室内的老师有哪些？

张 那会儿中央工艺美院的老师都是那批解放前留下来的大师和专家，包括庞熏琹、张光宇、张仃、雷圭元、梅建英、陈尚仁、柴扉等，每个系的系主任都是有名的大师。因为那时候的学生特别少，所以那些第一代的大师也会过来讲课，讲大课或做些专题讲座。他们讲课的时候，走廊里都是挤满的，不仅是学生，很多年轻的教师也会去。我们系的系主任叫徐振鹏，是第一代系主任，是位年长的学者、艺术家。他讲课言简意赅，又有非常高的艺术修养，并以言传身教感染我们。他当时专门开了图案课，开了明代家具设计课，还让我们去他家里观赏了不少他收藏的明代家具珍品。到现在为止，中国明代家具的研究成果还没有超越徐先生的研究，但徐先生的身体不是很好，后来因病过世了。系里还请了王世襄先生讲授明式家具课，我们也有机会去他宅上欣赏了他的许多珍品收藏。

陈尚仁先生是染织系的系主任，我们也有机会向他学习。当时中国订购了一批美国737大型客机，要把机舱内装改成有中国特

点的装饰，主要是头等舱，在将机舱和驾驶室分开的隔断上作壁画或装饰。陈尚仁先生出的壁画装饰方案，是以图案为基础，用金银两色来区分交叉的几何图形，效果非常好。我们在学生时代就经常耳濡目染这些大师的作品，你的眼睛看多了这些好设计后，眼光自然就提高了，这叫眼高手才能高，眼低手是不可能高的。别看图案是个小东西，但提炼浓缩的内涵十分丰富，这一直是中央工艺美院的基本功。

家具设计也是我们系的看家本领，中国的明代家具非常出色，所有的部件设计达到极致才能成功。中央工艺美院的室内系一直设有家具专业，我们所有学生也都要学家具设计课，而且要去家具厂实习、测绘，还要做模型和实物。

我们当时还可以到其他系去上选修课，只要有时间去听去画就可以了。如装饰绘画系的重彩课，我那时候喜欢画画，临摹唐代仕女人物，我就跟着他们上课。下午有点时间就去和他们一起做作业。

ID 哪位老师对您的影响最大?

张 我的恩师奚小彭先生。据说他年轻时有所谓的历史问题，所以政治上一直受压，“文化大革命”时还让他坐过冷板凳，影响到他的情绪。但设计上他追求创新，经验非常丰富，是个非常智慧的专家学者，是中国室内设计的创建人和开拓者。而且他的起点非常高，1959 年开始就承接了北京十大建筑装饰和室内设计任务，为中国的国家形象设计做出重要贡献。我进校后学习比较努力，奚先生对我也特别器重，经常带着我做设计。老师亲自带我们学生去做工程实践，这是很好的学习机会。

在做十大建筑的时候，不管到哪，他还带我们一边参观一边讲，手把手地教我们。后来，我跟着他去做人民大会堂的西藏厅，开始一共选了四五个学生，最后都一个个离开了，干到底的只剩我。我们做设计的时候没有地方加班，就到他家里去加班，为了赶方案常通宵加班。奚先生因为身体原因，去不了西藏，就派我们去。我还在西藏驻京办事处住了好久，一边读书，一边完成西藏厅的工作，都是奚先生具体指导的。奚先生不仅做空间设计，也做具体图案和细部设计，为了创新，他参考东欧的图案，结合中国传统图案组合结构，并将成果用在了人民大会堂大宴会厅柱式和室内立面上。这些图案非常好看，也有现代特点，在整个构图上，既是中国传统柱式、图案做法又有新意。

在这段日子，我受惠颇多，赶方案时经常整夜不睡，老师也觉得我比较管用。人生能有几回搏，一定要在重要关键时候拼搏上去，我有点这个精神，身体底子也好。那会儿还没咖啡，晚上就喝点浓茶提神。经常一抬头，天就亮了。我一直和学生们说身体要好，没有好身体就干不成事，如果你身体好的话，就应当在年富力强的时候集中精力出成果。出成果不是为自己，是为国家，为建设。

ID 大学时代，除了学习之外的生活是怎样的呢?

张 我们那个年代比较单纯，主要精力都是用在学习。记得那时候，我们班上几个女同学家里的经济条件都算不错，互相之间的关系也很好。我们就买了同一款蓝白色的印花布，每个人都亲手做了条连衣裙，但每条样式略微有些不同。我们一走出来，全院都轰动了。

1-2 烟台养马岛
3 中国国家博物馆青铜厅
4 中国国家博物馆楠木厅
5 毛主席纪念堂

回到校园

ID 毕业后是直接留校了吗？

张 大学毕业后去了设计院，当时，大家都认为我要留校，但我们党支部书记认为我是女的，没有出息，而且我的政治条件也不好。奚先生对我说，没关系的，你就到设计院工作，凡是在我们这个专业成才的，都要到设计院去工作锻炼过。设计院能锻炼你建筑的底子，从方案到施工图再到工地，有了这个基础后，你再回来。我当时想，走了就走了，很难有机会回去的。不过，后来我真的还就回来了。

ID 当时设计院的工作是怎样的？

张 我被分配到建设部设计院，到建筑设计院跟着他们画建筑。奚先生说：你到了建筑设计院以后，和建筑、室内相关的知识一定要掌握。我到那里以后，实际上什么都画，甚至施工图都画。后来，院里刚好有援外工程要做室内设计，我就开始有室内项目可以做了。好景不长，林彪的"一号命令"把北京的设计院都撤销了，我就下放到湖南。在湖南省建筑设计院下放的时候很惨，那边不需要室内设计，没活干，后来建造湘江大桥时院里让我做桥面设计。仅仅做了栏杆、路灯的设计，帮助画了一些设计效果图。

"文化大革命"结束后，北京有重点工程要建设，就把我抽调回来。我很幸运，因为这个特殊的专业，能调回京。我去了北京市建筑设计院的七室。七室也是专门做援外的，后来在那里参与了些也门、叙利亚的使馆施工图工作，还帮着做些非洲国家的大会堂的室内设计和装饰之类的项目。设计院后来还给评上了建筑师，不过1978年我考研回学校去了，后来也没去取这个证。

ID 在设计院的那段日子，有没有印象特别深的项目？

张 1976年~1977年院里派我去天安门广场做毛主席纪念堂的装饰设计，这里以前是公安部的一个楼，已经改成了现场设计楼，我在现场工作很努力，很拼搏。给我的任务是建筑立面装饰设计、室内设计和图案设计。客观地讲任务完成较满意，我为毛主席纪念堂流了汗水，留下了设计成果。至今每当我经过天安门广场时，总是眼前又浮现出当年现场设计时和建造时的画面。

ID 您考研时的大背景是怎样的？

张 "文化大革命"后，中国缺少人才，国家决定恢复招考研究生。我听说中央工艺美院的室内设计专业也招研究生，就拜访奚先生说明意愿。奚先生劝我不要考，他说："研究生很难考的，考试竞争比较激烈，题目也比较难，万一考不上，面子上也不好看。"后来我想了一想，还得去考，我就报名了。

ID 那时候的考题是什么？考试的情景如何？

张 史论、外语等科目的考题每科考半天也就完了，而设计题要考7天。因为那时候还没有电脑，画渲染都是手绘，画大张效果图起码十几天，画熟练了也要一个礼拜，平面、立面、透视都要上颜色。考试的这7天，封闭式地都住在教室里，男女生分开住，管得特别严。吃饭的时候，打了饭回来也不许说话。

设计题是做一个接待厅，是一个带有文化交流功能的活动场所。不大不小的一个中型厅，可以打开走到室外，还有点外部活动空间。我当时就在室内端头的墙上做了一个泉口，引入泉水流下。沿墙L形水槽将水引到室外形成流水景观，在保证接待功能要求的前提下，室内设计较简洁，渲染图画得也不错。成绩出来后，我的分数排第一。我们毕业后，因学院缺师资，大部分都留下来在系里当老师。后来，教育部有出国名额，我就报名了。由于一直等不到好的英文老师开班，我只能选了学日语，只能去日本，之后很顺利地被送往东京艺术大学深造学习。

开创“环境艺术设计”

ID 您在 1980 年代的时候留学日本，这段留学经历是不是对您的专业生涯以及研究方向产生了巨大的影响？

张 日本是个设计水平很高的国家，能去留学几年了解了世界设计发展的新的动向和理念，个人收获是很大的。我从日本回来后主要有两点感触比较深：一是环境意识彻底觉醒了，了解了世界设计发展的动向和设计理念；二是学了些环境设计的基础理论和设计方法。同时，在留学期间，去世界各地考察，也买回来很多资料。

我去的是东京艺术大学，这是日本唯一一所国立艺术大学。我作为政府特派研究员过去，待遇条件都不错，中国教育部每月给我们 7 万多日元生活费。我们这批人出国前曾安排到大连集训，日本文部省又从里头挑了 72 名“高级访问学者”，因为我之前参与过人民大会堂以及毛主席纪念堂这样高规格的项目设计，所以我也在名单上，听说艺术院校里就挑了我一个。文部省又另外拨了笔经费，每月也有 8 万多日元，我就可以用这个钱出国考察。

20 世纪 80 年代日本已经把设计重点从室内转移到了外部空间中，所以室内设计是包含在环境设计中，叫“环境造型设计”。我被分到了稻次敏郎教授研究室。东京艺术大学有一栋设计楼，楼内有各种设计专业研究室，包括建筑设计、环境造型设计、金属雕刻、工业设计、平面设计等，称为“设计栋”。我的导师主要研究传统空间构成，重点放在传统室内空间构成和外部环境的空间构成上。起先，他们以为我是政府派去的行政人员，不相信我有设计能力。但是我一点也不计较，还是到处参观学习。有次上选修课时，老师出题考我们，让我们每人画张自己的头像。我就用图案装饰线型概括的方法画，画完以后，没有人再对我有疑问了。

日本很多建筑和室内都是公共开放的，人人都可以去参观。而且我也有充足的经费，跟着日本考察团去世界各地考察，比如参加了日本建筑师考察团去美国看赖特的作品，一共深入地看了他设计的二十几栋房子。“读万卷书行万里路”这句话是很有道理的。后来，我带回去很多资料，有几万张幻灯片，还带回很多书和文具送给系里。回国后，还经常带着这些资料去全国各地作讲座。

我在日本时将研究课题定为“中日环境设计比较研究”，用日文发表了三篇论文，本想念完博士再回国。我是 1985 年年底问的院长，但常沙娜院长不同意，因为念完博士要三年时间，她让我 1986 年的上半年一定安排回来。后来，我就在 1986 年 6 月 30 日（最后一天）回到了学校，回来后很快就放暑假了，秋季开学后我就开始担任室内设计系系主任工作了。

ID 您是中国环境艺术专业的创建人及学术带头人，1986 年时，是您当时向教育部申报了环境艺术专业，能向我们介绍一下当时的情况吗？

张 我留学回来以后，在系里把这些观点和大家沟通了后，就打了个报告。报告是我个人打的，但根据规定，报告不能一个人打，后来就又加了几个老师的名字报到院里，倡议室内设计专业扩大专业内容，改为“环境艺术设计”新专业。专业名称如果叫“环境设计”也可以，但是由于我们报的是艺术类，英文 Design 是艺术的设计、创意的设计，不是那种工程的设计；这个名称又符合中国的国情，在中国你只有加一个艺术，人家才知道它是个什么类型的设计，你不加人家也许就以为是环境工程呢。申报了以后，院里很支持，很快就同意了。院长签了字，正好教育部正在修改学科，也就顺利通过了。通过以后，我们随即把室内设计系改成环境艺术设计系，环境艺术设计专业，第二年就批准招生了。之后，全国各相关院校跟着改了。

ID 您是如何进行学科建设以及改革的?

张 当时中央工艺美院真正是全国范围艺术设计学科带头人，所以现在没有了中央工艺美院真是好可惜啊！这几年各艺术院校竞争激烈，都抢着想当这个学科的带头人。改名之后，我们就开始发展外部空间环境设计，但是我们的看家本领是室内设计，室内到现在仍然是我们的强项。教师大部分也是从学室内出来的，因此外部空间环境设计的课程开设至今也没有补齐。清华美院副院长苏丹认为，1980 年代建立环境艺术设计专业后，理论体系建设一直没有完成，还是一个空白。其实我们那时还是努力过，开了外部设计的课程，但外部设计的教材很不充分，还没有成体系。现在，环境设计对中国的建设非常重要，只是这个理论体系至今仍没有建成。

ID 您在我们出版社（中国建筑工业出版社）出版的《室内设计资料集》已经发行了二十余年，至今仍非常畅销，累计印量达百万册，这在专业图书领域绝对是个案。这本书因为全面、系统而实用，被环艺专业的人奉为“宝典”，几乎人手一册。目前您还有什么出版计划?

张 这本书当时是我带着我们系里的老师学生一起做的，至今每年增印后还给稿费，每次都按照页码分给各位老师。从刚出版至今，一共增印了五十几次了。那时候，我们系里出了很多书，也做了很多工程。我感到是作为教师、设计师应有的责任和义务。我目前正在努力完成《中国室内设计史》的出版，我可能也只能做这么多了。

ID 二十几年的发展，您认为环境艺术设计专业的现状如何?

张 目前环境艺术设计专业仍然算一个比较新的专业，因为学科名称时常变动，“环境艺术设计”专业名称已改为“环境设计”专业。不少人问：去掉艺术我们还能干什么?也去干环境治理工程吗? 设在美术院校中的环艺专业师生专业前途如何？这种人为的混乱还要延续多久? 我个人坚信中国大规模城乡建设需要环境艺术设计专业。环境艺术设计含括两个专业方向：建筑内部空间的室内设计和外部空间的景观设计。在中国室内设计专业和行业发展较快，景观设计近年来发展也在加速。另外，环境意识已经在中国民众中得到初步普及，从国家到地方的管理层面，再到老百姓，人们开始重视环境。促成这样局面除了宣传力度和人民素质的提高，还有一个很重要的原因就是环境污染，人类最基本的生存条件已经受到威胁，人们这才回到最基本的生存立场，开始关注环境，这是必然的！所以我说，环境艺术设计专业很重要，直接关系到人民生存环境质量问题。伴随中国大规模城市化进程环境艺术专业和行业的壮大和发展特别明显，设计师们给中国城乡建设作出了贡献。

ID 您怎么看待中国环艺专业未来的发展趋势?

张 现在中国的空间环境设计师队伍十分庞大，大约有 130 多万人！这个数字还不包括在校的学生，这样庞大的专业队伍在世界范围都是罕见的。值得一提的是，室内设计在国家产业里叫室内装饰，工程量已达 3 万亿元左右（不包括陈设艺术软饰等）！而且装饰行业还带动了建材行业的发展，其产值十分庞大。所以这个行业已经非常大，它的发展需要不断地提高专业水平。

现在各国的发展都把重心放在保护地球可持续发展上，人类生态环境遭到严重破坏，设计师不能再给地球增加负担。所以走与大自然和谐共生的生态设计之路、低碳减排、节约资源是我们这个专业的发展方向。世界范围前瞻设计师都在关注这点，谁先攻破，谁就占据了至高点。我一直在反思，我们的设计怎样才能真正做到可持续发展?

1 北京饭店室内装饰艺术及陈设

2 珠海宝胜园

3 新加坡中国银行

为农民而设计

ID 您曾在采访时谈到："环境艺术设计的专业建立是我提出来的,但它并非无源之水、无本之木，而是世界文明的继承，也是中国'与大自然和谐共处'传统的发扬光大。"您在中国是如何寻找环境艺术设计的可持续之路的呢?

张 这些年来，我一直在做最原生态的设计，譬如为西部农民做的生土窑洞保护与改造设计。

我是从 1989 年就开始关注窑洞了，当时我在日本的导师来中国讲学，我就带着他去参观窑洞，记得当时是从西安去咸阳的路上，我们经过一个沿崖式窑洞，新媳妇刚刚生了个胖娃娃，窑洞周围拿高粱杆围了一圈篱笆，窑洞门上端有个空洞，燕子飞出飞进在里头筑窝。我老师当时都看傻了眼，"居然还有这种原生态的住宅"。

现在，城市里的富豪住宅价值千万，但农民连几万元的住宅都买不起，他们许多人还生活在原始的状态里，连自家独用的厕所都没有。在西部，还有几千万这样住窑洞的农民。中国是个底子很薄的发展中国家。城市里不应该去搞许多浪费资源的装饰，反而应该关心这些农民。作为设计师，要有良心、要有社会责任感。农民是不会拿钱出来请我们做设计的，那我们就上门为他们无偿设计，改善他们的生活环境，帮助提高他们的生活水平。我们的重点不仅做好洞内的设计，也要外部环境有很好的改善。生土设计很有发展前景，有国外的建筑师已经在他们的大型城市建筑中部分利用生土手段建成冬暖夏凉、节约资源、可以回收的新建筑。

ID 能详细谈谈您做的这个生土窑洞项目吗?

张 我们每两年搞一次"为中国而设计"的主题大展，这是我 2004 年的时候提出的。2003 年的时候，我们在中国美术家协会下面增设了环境艺术设计艺委会，在成立艺委会时，我就提出了"绿色、多元、创新"这个题目。我们这个协会与其他协会不同，就是要打造第一学术平台，想在专业上有所建树有所推进，既然专业发展很快，就要用专业学识为国家做点贡献。人活着，既然学了这个专业，喜欢这个专业，还是要做点有意义的事情。

可能有些人觉得我这个题目很教条。但事实上，自改革开放以后，中国的很多设计都中不中、洋不洋的，什么恶心的东西都上墙。我提出"为中国而设计"的口号，就是要呼吁设计师们应该为中国的建设做设计，大家都很同意这个观点。也就定下了双年展的基调。2008 年我们去了西部好几次，国家正好在号召开发西部，我想干脆就在 2010 年大展时搞点窑洞的设计，为农民做点什么。第四次的活动也放在了西安。

我一直反对效果图大展，我们的展览要

1 山西平遥县横坡村读书中心小院（二期）
2 山西平遥县横坡村读书中心鸟瞰设计图（二期）
3.5 陕西生土窑洞（一期）
4 陕西三原县柏社村二号窑院设计图（一期）

做就做具有现实意义的实际作品。我将中央美院、西安美院、北京服装学院以及太原理工大学艺术学院四所大学环艺专业的师生组成联合设计组，选定了陕西省三原县柏社村的地坑窑院作为改造对象，三原县离西安只有一个小时车程。项目开展后，当地政府出资100万，完成了7座地坑窑洞的改造实施，每院花费约10万人民币。至今为止，这个项目获得了7个大奖，包括香港设计营商周“亚洲最具影响力可持续发展特别奖”、台湾金点设计奖、第十二届全国美展唯一的设计金奖。

政府支持窑洞改造是为了商业化，这样政府既有保护遗产的业绩，又能有商业化效益。同时，改造窑洞还给农民带来好处。因此在设计与改造时，我们也有将窑洞改造成特色旅馆的打算。比如已改造完成的一号地坑窑院，就考虑到窑洞的西面和北面朝向最好，能接受到日照，因此将其布置为客房。西面靠东是其中最大的一个空间，设置为接待室，内部的小洞改为酒窖，白天接待客人，晚上则变身为一个供旅客休闲、娱乐、聚会的小酒吧。窑院入口边设厨房，方便运输食物和其他物资。厕所利用窑洞可淘挖的特性，在0.8m处架空，上设卫生间和浴室供客人使用，下挖1.5m作为粪便收集处理室，并通过和入口之间挖出的走道直接将收集物运出，不经过庭院，避免了通常粪便处理时逸出的臭气影响环境。

现正在做的二期内容是山西平遥的横坡村，这个村子主要是覆土式箍窑的形式。有位农民靠搞煤矿发家了，他愿意来投资改造窑洞，回报这个村。我们为这个村设计了横坡村民俗陈列馆、横坡村读书中心和旅游宾舍等不同功能设施。我觉得窑洞改造如果仅仅是修复保护，是不够的，必须立足当代，解决现代生活功能要求的窑洞才会有现实意义。

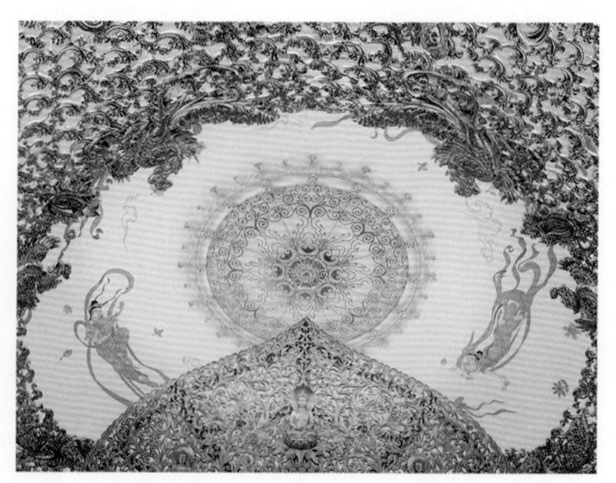

1-5 天堂

隋唐洛阳城国家遗址公园

ID 您的履历非常壮观，北京人大会堂西藏厅、东大厅、国宾厅、毛主席纪念堂、民族文化宫、北京市政府市长楼、外事接待大厅、北京会议中心、北京饭店、中国国家博物馆……您目前除了为农民做的窑洞设计外，还在继续从事城市标志性项目的创作吗？

张 我现在主要做两头，一个是最原生态的设计，像前面谈到的为西部农民做的窑洞改造，另一个就是最顶级的项目，我现在正在做的是隋唐洛阳城国家遗址公园中的天堂与明堂两个项目，这个项目的标准要求非常高，已经做了三年了，今年 4 月 2 日对外试行开放。洛阳是十三朝古都，因为过去每一次改朝换代都要屠城，所以很多历史遗址都消失废弃了。政府希望恢复皇城，吸引游客在那里住几天。这个项目的土建设计是清华设计研究院郭黛姮设计的，我做天堂和明堂两个隋唐地标建筑的室内设计。

中国传统里真的有好东西，需要特别关注，不能放弃，不能把传统丢掉。与世界接轨不能丢掉中国传统文化，如果不要传统，我们就没有了在世界上的立足之地，我们将一无所有。一个民族没有了文化就会自行消亡，所以要保留传统并传承发展文化。这两个项目的设计都是基于尊重唐朝历史，参考唐代的制式和装饰风格而设计的，在考古研究的基础上同时进行了创作，展现了盛唐华美风范、生活习俗以及空间造型等艺术特色，再现了当时皇家礼佛和执政的场景，是唐·武周时期佛教文化、宫廷典章制度规范的集中体现，为洛阳旅游走向国际化做出榜样。

ID 能具体介绍一下“天堂”与“明堂”的设计吗？

张 “天堂”，又称天之圣堂，始建于唐 689 年，是一代女皇武则天感应四时、与天沟通的御用礼佛圣地。新“天堂”建于原天堂遗址之上，内部钢结构，外观饰以紫铜，像一座高塔，采用仿唐式建筑风格。整个“天堂”建筑外观五层、内有九层，明暗相间，象征着女皇九五至尊的无上地位。坛城的运用是新“天堂”内部展陈的一大特色，也是中原地区不多见的藏式唐卡风格壁画。在藏传佛教中，坛城被视为最神圣、最奥秘、最具有特色的造型艺术。

一层遗址层以保护为主，二层入口大厅：“天堂印象”是洛阳最高端、气派的唐风多功能大厅，可以满足各类宗教活动、宗教仪式、国内外重要人物接待交流的需求。多功能大厅四周由两圈唐式大柱围合出美轮美奂的中心空间，正面有唐代壶门装饰的大须弥座上端嵌入大型壁画“万国来朝”重彩贴金箔壁画，重现盛唐武则天时期万国来朝的盛大场面。顶棚设计悬挂 5 米直径的大型晶体吸顶吊灯，嵌饰金色晶体飞凤，凌飞于

1 天堂
2 天堂大天花
3 天堂莲花牡丹水晶灯（张绮曼手绘稿）
4 明堂大殿铜贴金箔装饰“盛唐之光”（张绮曼画稿）
5 明堂大殿

大堂上空，晶莹闪烁；顶面周围环形天顶上有浅彩唐代佛教壁画中的飞天天女，壁画均由中央美院壁画系师生创作绘制。

三层到八层的室内设计因功能不同各具特色；九层：“天之圣堂”是步步高升至建筑顶层与神对话的心灵空间。室内设计着力打造一种超现实的感官体验，追求超我的精神境界。室内安放了金色坐式弥勒佛像在唐式壸门台座上，背后弧形隔断上佛教题材壁画为大佛背景，天花以苍穹的环形波纹层层向外放射，祥云环绕天空，天光漫射。地面彩拼大理石的祥云图案加强了空灵意象，外环背景墙为供养墙，唐式放射状藻井彩画天花与壁画及墙面装修十分典雅精美，造就了天堂的神圣氛围。

“明堂”取之“国之大事，明曜于堂”，武则天的明堂是她治理国家大事的皇宫大殿，以施政、庆典、朝会、祭祀等功能为主，因而明堂的室内总体设计定位应区别于天堂的礼佛文化主题，室内设计应展现唐代皇权象征、国力鼎盛、文化艺术发达的空间意向。在设计思路及流线上，将最先进入明堂的二层万象神宫作为观众参观的第一视觉高潮，使观众感受到极具震撼的空间艺术效果。再由二层进入一层中心遗址层及各个文物展示陈列空间，使观众获得对明堂历史文化的深度观赏和解读。

室内设计是在对唐代建筑、室内、家具、工艺美术、民俗民风充分考查文献资料的基础上选择利用、综合组织、深入设计，以及体现唐代艺术特征、传承唐代文化基因的创新设计，创造出再现盛唐精神风貌的令人赞叹的空间艺术效果。2015 年 4 月 10 日洛阳牡丹节试行对外开放时，广大群众给予了高度评价。

建国 65 年以来没有建造过新的宫殿，北京人民大会堂是大型会议建筑，然而新建的洛阳天堂和明堂所达到的室内设计和建造标准是真正意义上的宫殿标准，华美富丽的唐风大殿是盛唐建造艺术的审美再现，彰显着中国唐代文化艺术的繁荣昌盛和所达到的高度。END

北京瑰丽酒店
ROSEWOOD HOTELS, BEIJING

撰　　文 | Vivian Xu
资料提供 | 北京瑰丽酒店

地　　点 | 北京市朝阳区呼家楼京广中心
设　　计 | BAR Studio
竣工时间 | 2014年

1 酒店外观

2-3 酒店大堂

"'一个地方的况味（A sense of place）'听上去是陈词滥调，因为不少酒店都说，我们提供原汁原味的当地体验，但很多酒店也因此变得像'迪士尼乐园'，总有太多刻意的还原，或'矫枉过正'的模仿。如何体现一个目的地的况味是个非常复杂的命题。"北京瑰丽酒店的首席设计师，来自澳大利亚 BAR Studio 的 Steward Robertson 说。这家来自南半球的小公司在过去 12 年的时间内，已经设计了澳大利亚和中国几个重要城市的酒店项目，包括悉尼柏悦酒店、墨尔本君悦酒店、香港君悦酒店，上海柏悦酒店的世纪 100 酒吧和北京柏悦酒店的悦轩也都出自这个团队。

对业主来说，这个用了 6 年才打造完的项目，并不仅仅是一间酒店的设计，而是瑰丽品牌的一次重装亮相。从大堂到餐厅，到水疗、泳池，再到宴会区，每个区块都彼此连通，又带来不同的惊喜。在酒店中的各个部分体验游走本身就成为一场旅程，带给人们一种奇妙和探索的感觉。

设计师倾向于将传统元素用巧妙的方式表现，从而创造出强烈的建筑形态和空间概念。"我们务求以崭新和当代的角度赞颂北京深远的历史文化"，Steward Robertson 说，"它们像是音乐、气味融于整个酒店的氛围。而如何将酒店与周边的环境结合，让周边的社区成为酒店的一个后花园，也是赋予酒店当地特色的关键。除此之外，酒店的艺术品、灯光、用到的每个小物件以及员工，都是营造这种况味的元素。"

对国际酒店品牌而言，如何让酒店体现地域特色、与传统文化产生关联是个经久不衰的难题。相对而言，度假村的发挥空间较大，而城市度假酒店的尺度则非常难以把握。露台的设计无疑是北京瑰丽酒店的亮点之一，设计师用中国古典园林的理念连接了酒店与中国传统文化以及外部环境的关系。设计师认为，中国古代建筑对于园林的设计与现代建筑设计中"建筑必须与周边环境和地貌相互关照"的理念十分相似。凑巧的是，这片区域高低错落的摩天大楼恰恰给人"远眺群山"的意境，因此在露台的结构的设计上，设计师也尽量打造层次和落差，并给植物留出大量空间，打造一个以现代设计为语言，同时蕴含中国传统文化的空间。当然，在设计中也讲究功能，露台本身为客人提供了更多选择，他们可以根据气候和个人喜好，找到他们喜爱的用餐区。设计师几乎试坐了这里所有的座位，可以保证没有任何一个座位的

1 丽府入口

2 龙庭餐厅的秦贵宾厅

3 丽府桌面布置

4 二层平面图

5 丽府

位置是尴尬的，每个位置都有不同的风景。

如今，艺术品成为酒店业的新趋势，很多艺术酒店在标榜自己惊人的收藏时，大抵是靠艺术品的数量以及艺术家的知名度，但有时用力太过，却将酒店空间打造成一个生冷的博物馆。北京瑰丽酒店的艺术品却布置得颇为讨巧，酒店内所有艺术品都不仅仅是一种装饰，每一件艺术品的深意都与它们所处的位置微妙地呼应着，这些艺术品与酒店的其他装饰一起，架构出一种交流，让客人融入了酒店的氛围，通过艺术品与酒店产生了互动。譬如，进门处三层高的开阔大堂中就有一幅以中国诗人北岛的诗作《时间的玫瑰》为灵感的多媒体书法作品以及充满艺术灵感的艺术品；酒店各处陈设优雅的艺术作品，客房的电梯厅犹如艺术展厅，而电梯只是镶锲在其中，客房走道每件房门口都有青花瓷和书报架。

客房整体布局如同居家，分区清晰，洗手间、衣帽化妆间、书架、书房、休息沙发和圆桌、电视影音、睡眠区等各得其所，每间客房面积至少为 $50m^2$。另外需要注意到客房的两端的结构支撑：瑰丽酒店是由原新世界酒店改造的，可以看出客房面积是原来客房的二合一，改造时楼板全部打掉，并将层高提升，这样原来埋在楼板中的结构支撑被暴露了出来，但是通过介绍，不但不觉难受，更添一份对过往历史的认识。这种 30 多年前高层用来结构支撑的构件在大堂三层通高中也可以看见。从客房望出去，央视大楼就在眼前，这种历史与当代的并置更给酒店增添一份“地域”的独特注解。END

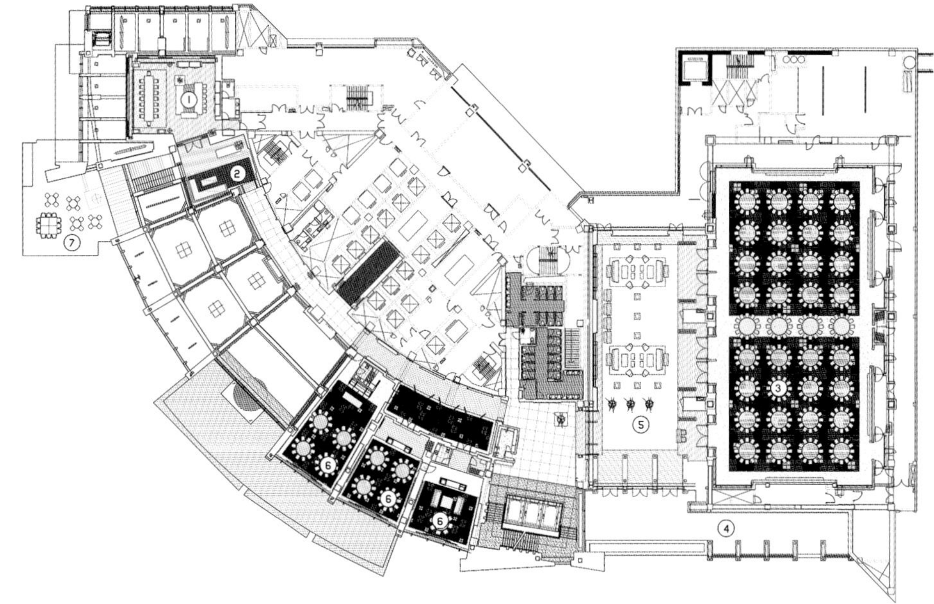

1 怡庭酒阁
2 怡庭酒阁前台
3 宴会厅
4 户外庭院
5 宴会厅前厅
6 餐饮包房
7 户外平台

二层平面图

1	4 5
	6
2 3	7

1-3 "赤"火锅餐厅

4 怡庭餐厅入口

5 怡庭餐厅庭院部分

6 怡庭餐厅用餐区域

7 怡庭大堂吧夜景

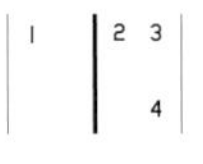

1 宴会厅前厅

2 泳池夜景

3 SPA 前台

4 泳池日景

惠东喜来登酒店
SHERATON HOTEL AT HUIDONG

摄　　影 | 刘永报
资料提供 | 深圳市黑龙室内设计有限公司

地　　点 | 中国广东省惠东巽寮湾
设　　计 | 王黑龙、王铮
竣工时间 | 2015年5月
面　　积 | 4 900m²

1 半户外廊道
2 户外场景

惠东喜来登酒店二期项目——具有院落式空间格局的度假会所，靠山面海具有丰富的地形资源和景观资源，建筑外向可充分享用山景、海景，内向则有庭院景观。建筑为地面两层、地下一层，除了入口大堂和景观廊道，分别设有共三层的总统套房，两层的副总统套房，单层的行政套房和随从房，还有会议、餐饮、健身、休闲、娱乐等配套设施。所有空间均依山就势，吸纳山海景色和传达亚热带的现代意象。

所以我们确定这应该是一个隐性的、以景观为主题的室内设计，强调室内空间与室外空间有机互动，住客或游人的行为参与设计的结果。由于地表是起伏的，时而高抬时而下沉，所以室内空间有时突出地表，有时潜入半地下，风景亦会涌入或渗入室内，地面层与地下层是相对的，处于变化中的。我们采用的是一种消极的策略，或称之为“高级的消极”，最大限度地发挥地域和景观优势，强化滨海亚热带体验。

简单点说，主要采用下述三个方式来规划和营造我们的内部空间：

1. 串联。通过步移景换的水平交通和流线，串联各主要功能区块。通过室外踏步缓坡和室内阶梯串联起不同楼层不同标高的空间。

2. 模糊间隔。以柔性的方式来界定或转换室内外空间及不同功能的空间，包括廊柱构成的虚界；透明的玻璃和镂空格栅构成的视界；可开闭的隔断或门构成的异界；多层空间的体验。

3. 通过串联和间隔来制造不同空间、多层空间和转换空间，实现在空间游走中的体验。

以不间断的游廊、步梯、曲径延伸扩展至平面和剖面的关系上，连接不同楼层、不同标高，连接户内与户外、私密与公共，连接海景、山景与园景与内庭。让入住的人们在由低而高、由内而外、由晦暗而明亮、由紧缩而扩展的步程中体验，探索属于自己的空间。

这种由内建筑而建筑、由室内而室外的反向设计，无论对我们还是对业主都是一种探索。弱化室内装饰的成分和简化空间的表皮带来了更多对环境资源的关注——空气、海风、阳光、慵懒的氛围，一切有关假期的期待。

该项目过程在 2014 年的形势下，备受严峻考验，既面临方案的反复调整，又经受了预算一再下调的压力，工期也一再延宕，但在完工交付后，仍备受好评和欢迎。这从另一面加强了我们对一贯坚持的设计方法和理念的信心，即逆向设计（设计过程在建筑方案阶段的提前介入）、主题先行（物料的本土化选择和反稀缺性）。前者作为方法在项目的前期阶段即可避免工期和预算的双重浪费，后者则将设计的焦点集中在创意和表达特性上，使设计更有可持续性，室内外的风格和用材也能建立内在的联系，而凸显高端概念的核心。END

1 | 4 5
  | 6
2 3 | 7 8

1 副总统套房起居室
2 休息厅
3 天井
4 总统套房的客厅
5 行政套房起居室
6 水平关系透视分析图
7 垂直关系透视分解图
8 休息厅

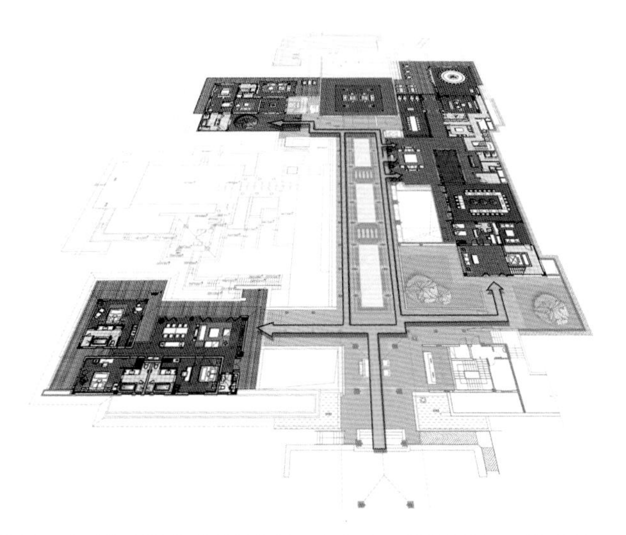

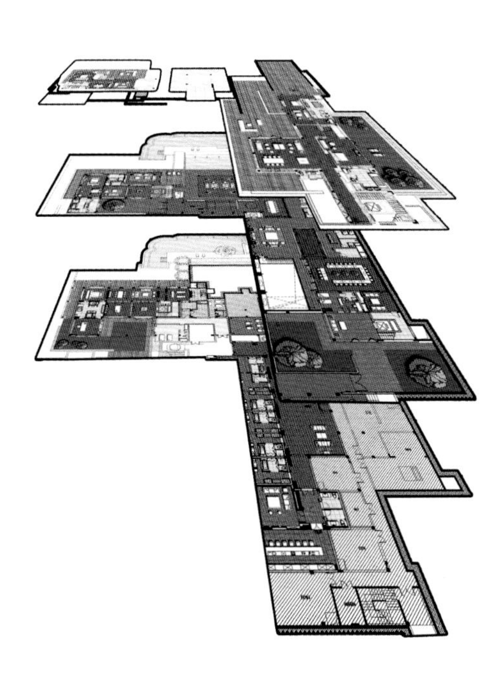

车库艺术中心

GARAGE MUSEUM OF CONTEMPORARY ART

撰 文 | festa
资料提供 | OMA

地 点	俄罗斯莫斯科高尔基公园
场地面积	5 400m^2
总设计师	雷姆·库哈斯
项目建筑师	Ekaterina Golovatyuk
设计团队	Giacomo Cantoni, Nathan Friedman, Cristian Mare, John Paul Pacelli, Cecilia del Pozo, Timur Shabaev, Chris van Duijn

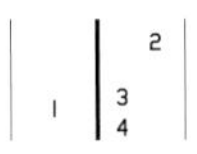

1 入口
2 保留马赛克的大厅
3-4 模型

车库艺术中心成立于2008年，原先位于构成主义建筑师康斯坦丁·梅尔尼科夫设计的Bakhmetievsky巴士车库中。如今，这个车库艺术中心从莫斯科北部的半工业区搬迁到知名的高尔基公园里，以此来吸引人数更多的参观者。

车库艺术中心的所在地，原本是1960年代设计的乡村餐厅。这栋由预制钢筋混凝土构成的主建筑已经被荒废了超过20年。OMA所接手的改造任务，是在这栋占地面积达5400m^{2}的建筑中设计出一间两层的画廊、儿童创意空间、商店、咖啡馆、讲座厅、办公楼以及一个屋顶露台。设计风格试图保留原苏联时代的设计元素，让原先建筑中的马赛克墙面、地砖等构成新艺术空间中的创新设计部分。

这栋曾经作为Vremena乡村连锁餐厅的建筑，一度是高尔基公园的热门景点，自1990年代餐厅关闭后，今天的建筑物俨然已成为一处废墟。然而，这里依然保留着前苏联时代的“集体主义”光环，在建筑细节上，马赛克和瓷砖的花纹依然提醒人们这里曾经的辉煌。

改建后的建筑空间分为两个部分，位于西南部的展览与活动空间，以及位于东北部的教育与研究空间。前者的面积更大一些，以便容纳更多的参观者。在展览与活动区域，设计师以前苏联时代的客厅设计为灵感，用一个9m×11m的挑高空间创建一个连接两个楼层的中空空间。这个空间的设计也为未来的超大型雕塑作品预设了场地。两层空间用走道连接，人们可以在此参观艺术中心的书店、多媒体中心，并在咖啡馆里小憩一番。

用半透明双层聚碳酸酯改建的外墙，将建筑物的通风设备隐藏在墙体中，以此留出足够的展览空间。在室内，建筑师用铰链“折”出的白墙，让车库式的空间得以随时随地地制造出满足艺术展览所需的“白立方”。白墙外，依旧是有着浓郁前苏联风格的绿色马赛克墙面。END

1　可收放的“白盒子”

2.5　内景

3　空间结构模型

4　“白盒子”的变动图

6　入口场景

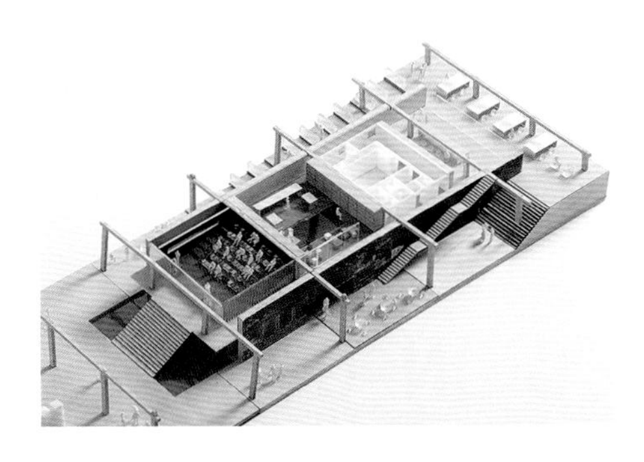

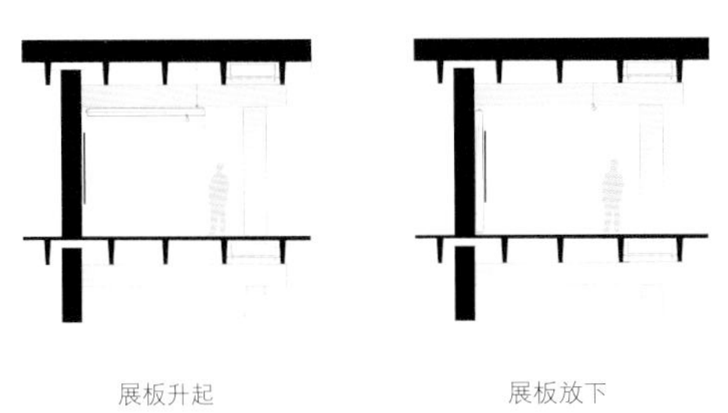

展板升起　　展板放下

田园梦忆 无锡阳山田园东方启动区

PASTORAL DREAM: PROMOTER REGION OF NEO-GARDENCITY COMPLEX IN YANGSHAN, WUXI

撰　文	张项　吕淑窈
部分摄影提供	周小舟
资料提供	东联设计集团

项目名称	无锡阳山田园东方启动区
地　点	江苏省无锡市阳山镇
面　积	4.164km²
设计单位	东联设计集团 上海联创建筑设计有限公司
建成时间	2014年

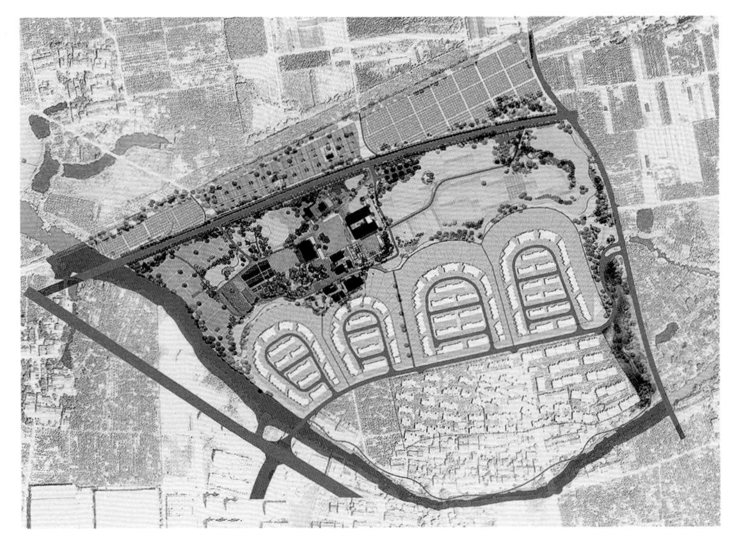

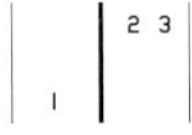

1　田园东方启动区
2　总平面图
3　维持乡村的原貌

“老的东西不会再生，但也不会完全消失，曾经有的东西总是以新的形式重新表现出来。”

—— 阿尔瓦·阿尔托

这座叫做“拾房村”的江南小村，机缘巧合地，似乎包含着拾起记忆之意。作为田园东方启动区，循“拾房”之称谓，设计师凑齐十座精美老房，细心设计修缮保护，亦对村内原草木池塘予以保留，以最大限度地保持住乡村的自然形态及美丽的田园风光。

村子离主干道有一定的距离，水杉及农田形成了一道自然的屏障，喧嚣似乎被隔绝在外。层叠渗透的场地关系，使之变成了可达可感的世外桃源。这里，有中国乡村中典型的世世代代居住的房屋，有祖祖辈辈辛勤耕耘的农田。当城市化大潮开始扩散，当先进强势的城市文明无孔不入地影响到乡村生活方方面面的时候，农村建设不能抗拒性地与之割裂。“城乡一体化的美丽乡村计划”指引着设计师开始新的探索，在“乡村提升农业生产”、“植入休闲旅游产业”、“构建幸福人居”等原则指导下，构建现代都市与乡村田园文化相互交融的新景象。

作为具有示范效应的田园东方启动区，这并不仅仅是一个简单的场地修复美化设计，而是一个全新的田园综合体项目，是以田园生产、田园生活、田园景观为核心组织要素的、多产业多功能有机结合的空间集合实体。它既满足了都市人返璞归真的理想，又保留了乡村的场所特色优势，创建了一种城乡共融、产业互动的新模式。对待环境的态度并不是割断和抹杀，而是采取一种“进化”的态度。“进化”是对过去的历史性修复与环境的升级，从而使得原有的环境更具包容性。

大树下的石条凳、屋后的古井、还有街边的小菜场，这些关乎衣食住行的乡村生活场景，点点滴滴，是原乡记忆联想的发源地。在乡土自然回归的情感呼唤下，设计师将这些感知融入了建筑设计和环境营造之中。对于场所精神的把握，是尽量不去破坏原有的场地关系，整理美化空间的格局。老房的整葺“修旧如旧”，所有的构件尽可能使用原乡老料：破损的屋瓦，采集当地的老青瓦补足；老墙面交由当地工匠清洗加固，并将很多有趣的老材料进行艺术化的掺合；对于量大的新建和扩建，实在不能使用老料的地方，则将新料“做旧”处理。专业的古建营建团队对于材料尺度和质感有很好的把握，端头起翘的屋脊、带肩观音兜状的山墙、叶片状的泥塑贴花装饰等等，都是老师傅们古法匠心的展现。现场的每一砖每一瓦，每一个构件，都是原乡生活记忆的产物。在这样一块土地上，设计师不愿再去增加过多的新材料，而是通过“老物新用”来保留住生活中的那份记忆，同时也让这些老材料在这块土地上

继续“生长”。

集市总是村镇中最热闹的地方，汇集熙攘的人群。拾房村建筑群落的中心是圣甲虫乡村铺子，主体是一个新修的复古木构廊架，接靠着一栋两层老屋，明亮高敞，舒适惬意，与旁边的花田广场及景观绿地融为一体，成为村内重要的公共交流空间。传统的大屋架下，是各式小摊及闲逛的人。乡民与游客都能在这里感受到简单真实的邻里关系。

拾房书院是老青砖老青瓦组合出的老房，在粉墙黛瓦的建筑群体中格外显眼。这是一种低调平和的建筑语汇。参杂花色的青砖墙面、整齐的立瓦屋脊、垂落的青灰瓦当，以及质朴的门窗过梁，在立面上形成了一种和谐统一又具弱对比的灰色构成。还有被均质分割的木窗、厚重沉稳的木门，一座古朴低调，又充满文人内敛气质的小屋，维系了人们对土地和自然最本真的情感。除了与相邻建筑共用一面外墙，其余三面都展现了不同的空间与景观。一面是开敞的木质平台，配合休闲座椅形成了活泼亲切的室外活动空间；一面是开阔的油菜花田，生机盎然的景象对应着四季的变迁；还有一面是用碎石铺地及毛石堆砌的矮墙围合出的静谧小院。在这样的小小书屋里，时光流逝、景致变换，引人在静默中沉醉和思考。

窑烧手感面包还原了乡村中的那些淳朴的质感。没有电炉烤箱，取而代之的是桃木窑烧。矮墙围合的小院用于储藏木材及工具。柴禾的缕缕烟雾环绕在被保留下来的几棵苦楝树中，烤好的面包香恣意飘散在村里，引人驻足流连。

井咖啡得名于老屋前的一口水井。如今，井还是原来的井，井边的建筑也恢复得如当初那般。新做的旋转木门，能够使建筑的一整面完全打开，与室外空间连为一体。室外的木平台、碎石子与草地，形成了层次更加丰富的空间序列。传统屋架被部分保留、镶嵌在新墙上只作装饰之用。以人为本的华德福学校，注重身体与精神和谐发展。在建筑基础已经被限定的情况下，设计师通过对外廊、矮墙、门洞及平台等建筑元素进行组合调整，形成了由室内经灰空间廊架再到室外的一套完整序列。用一种贯通又具过渡的手法，将田园景观引入建筑空间的内部，让幼儿教育与自然体验形成互动。儿童的绿乐园，设计师以不破坏场地内现有条件为前提，以人智学理论为基础，选用蚂蚁世界中的泥土、木头、树桩、树枝等原生材料，纯手工打造天然玩具，营造出一个独一无二的“绿色王国”，映射了一种场所环境与个人活动间自然共生的法则。

如今再到阳山，乡间景色恬静宜人。回忆初到时的场景，那份淳厚质朴的情感还在。这片土地上有乡村也有城市，这是一片共享之地。无论乡民还是都市人，都参与到了这里实际的田园生活，一起分享自然的馈赠，共同打造这个城乡共生的新环境。过去的东西不会消失，这里保留的一切不仅仅是物质层面上的，也包含了一种对田园生活的尊重与向往之情。在当今的土地上，保留面临着比新建更复杂的问题。应该如何开始，这也决定着后续道路的走向。对于田园梦，无锡阳山田园东方启动区作为国内首个建成的田园综合体项目，无疑是这个尝试的开始。END

1-2 改建自民国校舍的拾房书院

3 拾房村的小桥流水

4 绿条园

青田砚
BLUE INK STONE

摄　　影 | 黎威宏
资料提供 | 阔合国际有限公司

地　　点 | 上海喜泰路
面　　积 | 室内290m² 景观145m²
主创设计 | 林琮然
设计团队 | 李本涛、姚生、涂静芸
主要材料 | 青石板、木材、黑铁、黑洞石，水泥
完成日期 | 2014年9月
业　　主 | 平海富

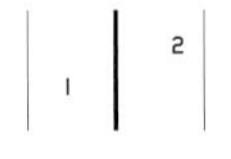

1 中心墨池
2 闽南饮茶大桌

山水合璧

业主平先生深有感于 2011 年黄公望旷世杰作《富春山居图》与浙江省博物馆的残卷《剩山图》合璧展览，本为一体的两画分隔 360 年后再次合一，因而在委托台湾青年建筑师林琮然改造上海徐汇滨江区原上海开元毛纺原料加工仓库时，两人均执着于对文化在空间中的重生。空间概念借砚台为题，想象在空间内植入一墨池，池边依照富春山居图内山的走势，起承转合间书写一种自然神韵的内部空间体验。并试图以放大文房四宝的手法，让砚承载更多的思考力量、老房子有新灵魂。建筑师认为："对自然的感受不在于身体五感，以心感受设计才是真正的触发。开门见山，自古以来就是中国人的夙愿，或隐逸或仕宦，这种青山情结都写进了血液内。"将青田砚转化象征人生的山水美景，推开门所能看到的山水，林壑幽深、水象万千、文人风雅，皆饱览于几席之上，新朋好友在此地相聚相会相拥相泣，来去间多么快活。

雅俗共赏

文人空间源于生活本身，当代的风雅并非一味守旧与复古，以海派文化为基底的当代生活多元而丰富，青田砚内部东西方情趣并存。人们入内前先经过无园门的碎石海，伴随着青石墙上落下的水声，让心灵更加澄明。坐在原木长凳小歇，吹着午后凉风，尔后轻轻推开由竹子订制的门把，入户首见那迎客的闽南喝茶大桌，约上好友同桌品茗闲聊，在书柜边上看本好书，随手下盘好棋，都是不露痕迹的闲雅之趣。除此之外，春雨夏曝，秋收冬藏，于青田砚长桌上咀嚼节令食养宴会，从吃中品学天地养生规律；于雪白如意造型的吧台上小酌，情长酒长，鸿儒白丁共赏。微醺间望向艺术感强烈的墨黑色山水石砚，欢心聚首，随兴而至，与友可读、可饮、可食、可歌、可咏、可品，更得古今相与、有感于斯之喟叹。另有一提：偌大砚台还可足浴，而藏在角落的理疗空间更把梁板屋面去除，代替屋顶的雨水池造成镜花水月的感受。建筑空间内有着流通性的动线布局，无限定的中外名师家具摆设带路，由入世的眼界探索艺术价值的平衡点，体验出生活的雅趣与同乐的含意。

文心匠艺

营造初始，建筑师借山水意境出发，让空间在考究传统建筑脉落下延展。建筑本体修复选材为白墙黛瓦、青石白砺、原木黑水，赋予空间文人情趣的灵性与触感。流体造形吧台与砚石休闲区的创意探索，挑战工法，也符合机能，每一分的取舍都以人为本。最终技术上结合数字施作的精工细作，流动曲线在垂直木构老屋中找倒了完美平衡。名师与匠人相辅相成，带领中国工匠接触传统也演化出未来工艺，协同完成深具实验性的青田砚；除此之外设计师再由大入小，衍生出工业设计产品，一种当代立体山水的器物，青田砚信物烟灰缸简约流畅，承续着文人隐士之意。END

1 会所外观

2 古意坐榻

3 入口细节

4 如意形的吧台

5 灵感源自富春山的摆件

6 茶室

茶言精舍
LISTEN TO THE TEA TALK

摄　影	黄卫
资料提供	黄卫室内设计事务所

地　点	福建省武夷山市星村镇
面　积	3 000m²
设　计	黄卫室内设计事务所
主笔设计师	黄卫
设计时间	2013年9月~2013年12月

1 三层综合大厅
2 走道原石雕塑
3 活字雕塑

本案位于福建省武夷山市南星公路中段南侧的山林间，周边自然环境极其优越，茶园及森林环绕，隐逸幽然。设计面积3000m²，建筑组成为主楼、耳房及一栋单体别墅。

主楼为三层，单体建筑，一层中堂部分挑高8m，功能主要为重要礼仪接待及茶艺表演用厅，两侧为茶文化历史展示陈列区及主轴对称的通道和楼梯。

整个设计思路由中心轴线部分的活字印刷的石刻展开，汉文化的厚重、沉稳、庄重的主题延伸至整个设计。在材料的应用上，以原木、原石、棉麻、铜铁、纸、竹、瓦、古砖等生态自然材料组织还原，这也加大了施工的难度。原木的运用是主要的施工难点，从原木采购到现场的加工处理、吊装，过程的复杂远远超过了设计时的预想。

原结构的柱子全部是圆形结构柱，在设计中改为方柱，用石材干挂和原木作明筒结构组织装饰。

过道部分的重点是两边对称的各四块原石水浪雕塑，用最坚硬的石头表现水的柔美，错位间隔放置于隔断前。中心入口屏风设计是中国大红生漆，立面为粘贴茶壶的主题装饰。

二层为夹层，主要功能为三层综合厅的配套用房，设有更衣室、小茶室及休息阅览室。

三层是整个主体建筑的核心，主要功能为表演、交流、教学为一体的综合大厅。主要材料全部为原木，墙体用吸音板装饰处理，并用两侧的楼梯间上方的空间，分别设计了音控室、化妆间及候演厅。舞台架空设计，台面材料为15mm厚钢化玻璃，内设光舞台效果灯。舞台背景用柔纱折叠内灯柔光效果装饰，预留更大的装饰空间，在不同主题的表演形式时可以加以适当的补充。

主楼的一侧是一层结构的禅意综合厅，禅意厅的功能是香道、茶道的交流培训厅，因中心位置有一结构柱，所以采用环形围合的围坐形式组织。工作台高度设计为500mm，席地而坐，材料同样运用原木切面的原始材料，不做精加工，只做抛光处理。

主楼另一侧的两层单体建筑主要功能是茶馆，是平常的接待和会友的主要场所，材料运用主要以原木、古砖、麻、草编纸等，主题朴素亲和。原设计的陈列柜是600mmx600mm的原木和原石墙脚，因重量的原因导致楼面负重过大，因此在施工中将原木尺寸减少了一半。顶棚保持了原结构的斜屋面及大构、原木拼板及草编墙纸装饰。

整座建筑的走道、楼梯，在手法上也运用汉代元素的处理手法，用真石漆、原木、铜片及回纹浮雕等组织表现。

总体色调的控制以灰色、木本色为主，灯光配置以点光源、间接光源配合，定制的主题大灯，形成局部、中心、总体的统一。

因材料的组织及施工工作量较大，历时一年才基本完成了这项富有匠心的工程。END

1 2 3	4

1 小茶室
2 三层综合大厅
3 二层挑廊
4 中堂

余姚伊家名厨
YIJIA RESTAURANT AT YUYAO

撰　文 | 洪堃
摄　影 | 潘宇峰

地　点 | 浙江余姚市
设计公司 | 宁波市高得装饰设计有限公司
设 计 师 | 范江
设计助理 | 崔峰

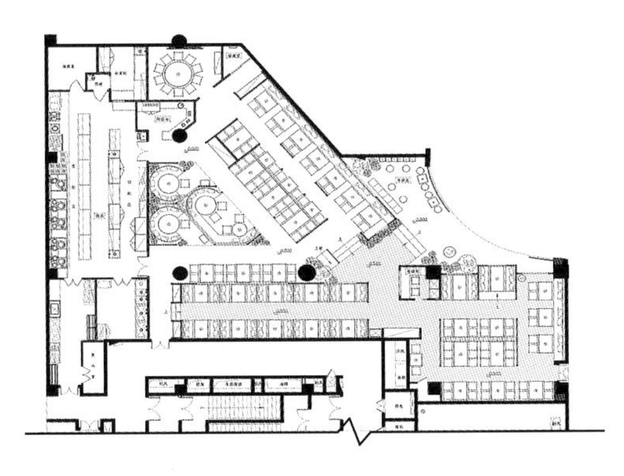

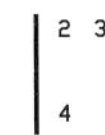

1 缤纷的包厢与木质通顶的装饰架
2 平面图
3 外景
4 用粗麻绳制成的灯架与细巧如烛火般的灯组成的圆形吊灯

业主开餐馆的地段由市中心至交通便利但租金便宜的一般地段，现在转战到了商场，始终紧跟潮流，也一直在委托本设计师设计。伊家名厨这个名称还是设计师很久以前为他的餐馆取的，现有好几家分店，前一个伊家名厨租用的是一个旧厂房，这次设计仍钟情大工业时代特征，以区别其他餐厅风格。

伊家名厨租赁商场一隅，空间最高有8m多，给设计师提供了多层次的想象，设计师用台阶、坡道等方式来理顺空间的路径及区域划分。以集装箱为主造型去营造一种空间氛围的手法也多见，但做法不一，效果也会不一样，设计师一直想尝试，这次如愿以偿。他将集装箱用并列、叠加的方式形成各种用餐空间，开了较多的门窗，箱体由封闭变成了开放，形成内外借景，并利用集装箱的材质特点或借其元素做成隔断、顶部装饰，让整体造型得以和谐。在最明显的地方设计了一块锈迹斑斑的长方形铁板，中间是一个椭圆形的镂空，镂刻出伊家名厨的英文名称E SKITCHEN，上下以若干大小不一的齿轮做装饰，仿佛“伊家名厨”经历了漫长岁月，有了斑驳与沧桑。地坪是混凝土，局部用硬木地板，墙面也是清水混凝土，钢与铁大行其道，却没有冰冷的生硬感，因为空间里到处都是高纯度的湖蓝、苹果绿、玫红，这些洋溢着青春气息的色彩跃然而出，演奏着时尚年轻的乐章。

空间的饰品有着过往时代的标志性烙印与趣味性。比如用文化大革命宣传画，但高举的却是商品品牌，以强调政治第一的气概来强调商业第一、品牌第一，放在这里，表现了业主想成功经营此餐厅的决心；铁皮招贴有老牌名星，赫本、派克、梦露、李小龙，这些人物总归是人见人爱，花见开花；另有1930到1960年代令人怀念的各种中外商品广告画、旧汽车车牌与方形铁丝网兜进行组合，既是装饰又可插便笺条或放纳一些小物件；还有旧的公路指示牌、老电话机等随处可见，在集装箱上用白色油漆喷涂餐馆的英文缩写、数字……韵味连连，让人回味，怀旧也是一种时尚。

岁月更迭，以前开一家小时装店、小书吧、路边咖啡屋是许多人的梦想，现在更多的是想拥有一家有与众不同的小餐馆，人来客往，应接不暇，令人觉得人生特别充实，设计师负责共同造梦，他也是一位厨艺高手。

走过这片区域，便感受到不一样的空间气质，机器、齿轮、轴承、还有烧锅炉的煤块，似乎有些粗砺，可却发现车床里的鲜花丛丛，钢板铁槽里的小草萋萋，视线忽然被打动，有一种极想走进去一探究竟的愿望。END

| 1 2 / 3 | 4 |

1 白色为基调的室内

2 复古电话机

3 就餐区

4 家具呈混搭局面

当东方遇见现代
MODERN CHINOISERIE

撰　文 | 赵牧桓
摄　影 | 李国民

设计者 | 赵牧桓 / 赵牧桓室内设计研究室
参与者 | 施海荣、赵自强、王俊、李欣蓓
地　点 | 中国上海
主要材料 | 水泥板、大理石、胡桃木、黑檀木、镀钛不锈钢
面　积 | 600m²
完工时间 | 2015年3月

1　大宅门式入口
2　现代家具的室内设计
3　奇石摆件

我试图用一个比较简单的形式关系去表达一个大都会的居住方式，当然，我预设了两个大前提，一个是“必须是现代的调性”，另一个则是“必须带有东方的意念”。对我而言，现代这个理念比较好执行，只要界定它到底是前卫时尚还是相对保守就可以了。比较困难的反而是东方意念这么一个概念。到底东方意味着什么？

最终，我决定从地面着手去解释这个问题。中国人喜欢自然的东西，这是一种文化特性。中国人喜欢搜集石头，从庭园景观造景用的那些奇石，到欣赏大理石里面自然堆砌而成的如画般的天然肌理。如果把这山水般的肌理加以放大铺满整个空间，我觉得应该有点意思，索性把自己当成画匠猛往画布里泼洒墨水，地面造型就完成了。常有人问我，到底应该从空间的哪一部分着手设计？平面还是立面？还是其他？我常说这没有固定答案的，至少，这个个案，是从地面造型入手。解决完了地面才入手平面和空间层次上的划分。但完成一个个案的方法和逻辑倒是永恒不变，你还是得规规矩矩地做完平面、立面、细节、节点……等等有关的流程，它更像是个圆形的制作流线，而不是直线般的线性工厂流水线。有时候会从一个流程，跳跃到另一个流程然后再回头过来再处理这个流程。这个环节的处理通常比较随性，我曾经从灯光开始发展这个空间的布局，这从来不是一个定数。

入口，我希望能维持住早期东方中式住宅那种大宅门的味道，所以，大铁门加上两头镇宅的石狮子，但我留了开口在石狮子后面，一方面可以有自然光渗透到阴暗的候梯厅，另一方面，主人不用开门也可以望见外面的来人。第一进的玄关是作为通往右侧公共空间和左侧私密空间的一个转折口，也是一个重要的起承转合的地方，更是开启这个宅子的空间序列纽带。自然我希望它有些隆重的氛围，也希望有水的流动，这可能或多或少有点受风水影响吧。每一个空间的连接处，我都安置了条形木门，但是它又可以隐藏到墙里，这样主人可以自己依照特殊情况和需求分隔空间，我只是觉得门应该是自动门，省却需要人去开启而已。从客厅到餐厅到收藏室都是依照此根本逻辑去安排，也很自然地形成该有的动线。从入口往左到各个私密卧室，卧室的安排倒也是比较参照传统长幼有序的逻辑去布局。

其实，这种平面布局很规整，空间的景深和境深都会顺着平面形成。做着做着，才发现自己无意识地在寻求古代士绅但又是活在现代的一种生活方式。END

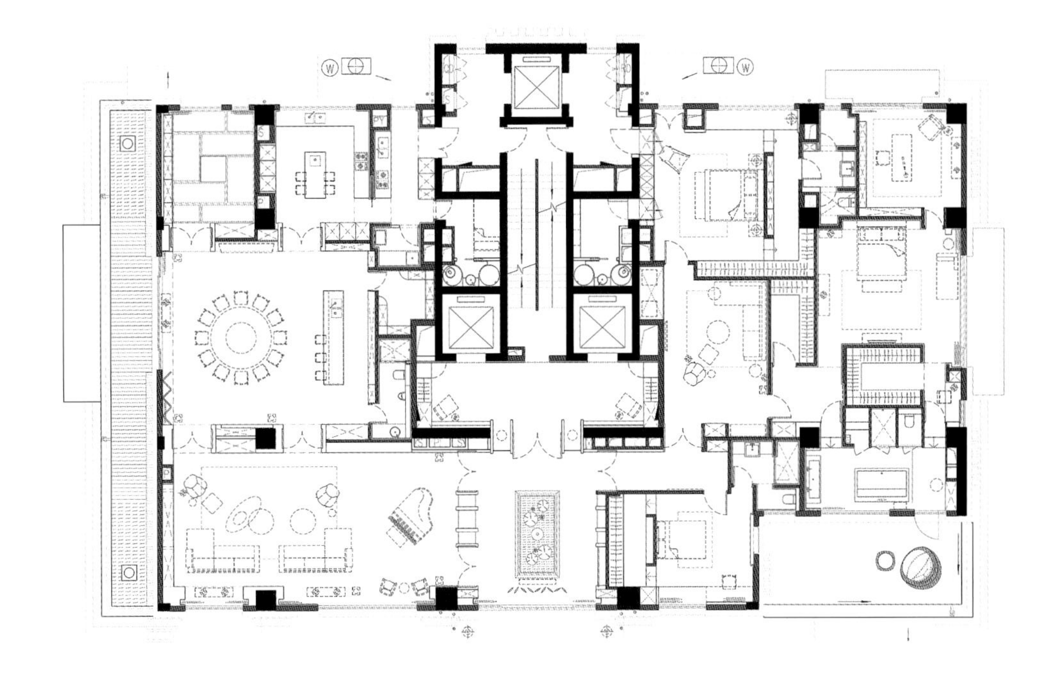

1 走廊

2 平面图

3-4 中式与现代设计的对话

1 2	4
3	

1-2 公共空间
3 客房
4 卫生间

张国君的陶瓷艺术

撰　文 | 西西
资料提供 | 张国君

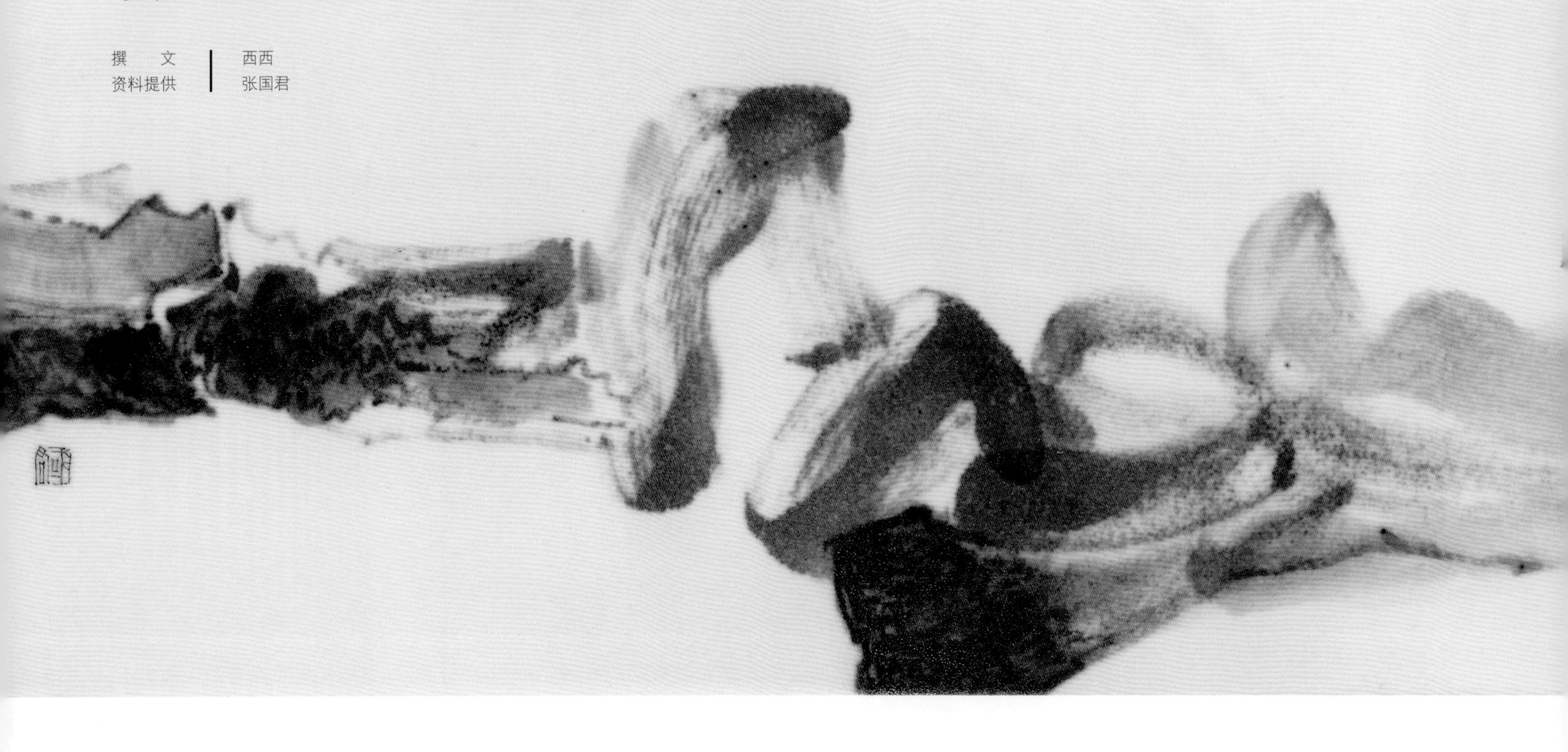

景德镇是个光怪混杂的地方，早市学生的创意产品和陶艺市场的市井气息搅拌在一起，让人迷失和躁动。然而当我们来到景德镇城南山，惊讶之下，连呼吸都变得缓慢了。张国君的工作室就坐落在山脚下，傍瀑布而建，这是一个由废弃的兵工厂改建的二层小楼，满目的绿色，只听见潺潺的流水声，仿佛世外桃源。工作室里井然有序，有正在进行的创作，有待完成的半成品；展览室里陈列着张国君近期完成的一些陶瓷艺术作品。

张国君早年从事国画创作，八年前来到景德镇，开始潜心研究陶瓷艺术。从他的瓷画艺术中，既可以看到传统中国画的意蕴，又能发现其独特的语言，他将水墨艺术的写意性、现代艺术的抽象性与陶瓷工艺的装饰性完美地融合。评论家邵大箴对此赞不绝口："在水墨艺术上追求简淡、清远、虚静风格的张国君的瓷画，也有自己独特的面貌。变化有致、跃动着韵律的蓝色线条在白瓷上组成一幅幅写意山水，别有兴味和情趣。"

张国君的"奇石意象创作"包括了四个不同风格的系列：问山系列、意山系列、新安梦痕系列、山外系列。问山系列在古文人对于自然山石的审美中加入了创作者自我的理解，虽作品的工艺常规、题材常见，但因为有了情绪而独具一格，具有了现代的审美和时尚的气息。意山系列是抽离的"我的山水"，山水被符号化了，有了作者自我的个人图式。新安梦痕系列采用了独特的釉上水墨技法，因作者从艺过程受新安画派的巨大影响，所以这一系列饱含了作者强烈的个人情怀。山外系列是由颜色釉高温窑变而成，极具当代性和画面感，同时具有中国画的意境和印象派的感觉。但是张国君说这个系列的创作不易控制，难度非常大，也富有挑战性，是他未来探索的重点。

张国君的瓷画艺术已经被国内外很多藏家收藏。当问及他，每每当作品要离开自己的时候是否会有不舍和遗憾，他说，我只是喜欢安静地做些自己喜欢的东西，我想别人也会非常珍惜和喜爱它们的。

张国君除了瓷画艺术创作，平时也会为朋友客串一下室内设计，他的工作室的建筑就是他自己设计的。他目前正在研发系列概念产品：茶空间和书房空间，着重于研究当下的道德、审美、空间、家具之间的关系，希望产品能适应现代的生活。张老师说产品的研发是一个漫长的过程，他不希望未成熟的产品公之于世。

当问及张老师的产品是否会延续现在的风格时，他说，变是相对的，不变是绝对的。材料、样式等表现形式肯定是会变的，而不变的是坚定的探索、内心对山水的那份热爱和宁静。END

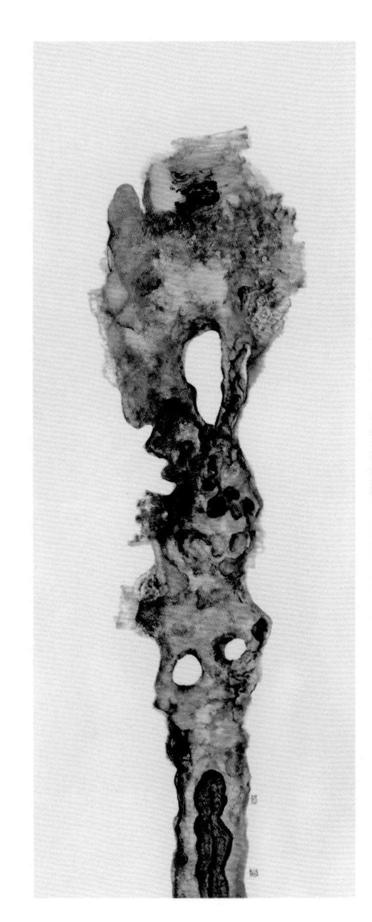

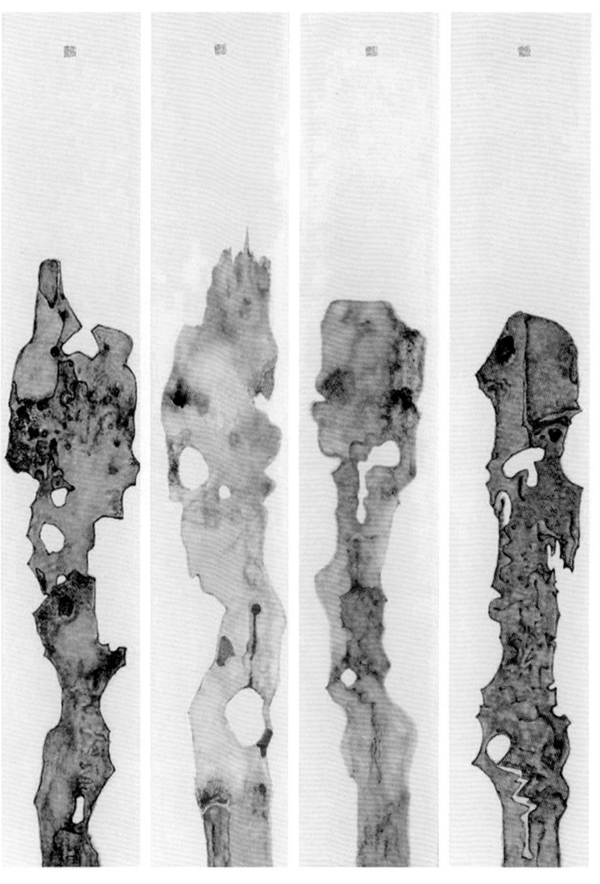

问山系列

遥寻千岫万壑，游卧林下，眷守自然，迷醉于机理，感时空之绚烂生动，造化无穷，藏于瞬间。物我两忘，互为彼此，试问江山在何处。

——张国君

意山系列

自在于游戏，意在山，山在意中，于是抽离与重构，转换与主动。山流于心间，心生发于笔端，驰于似与不似之间，终归于本体中。

——张国君

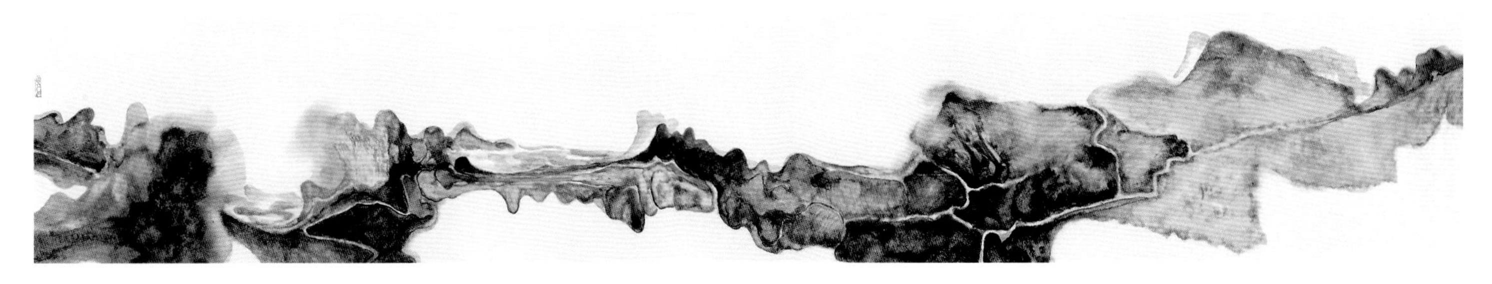

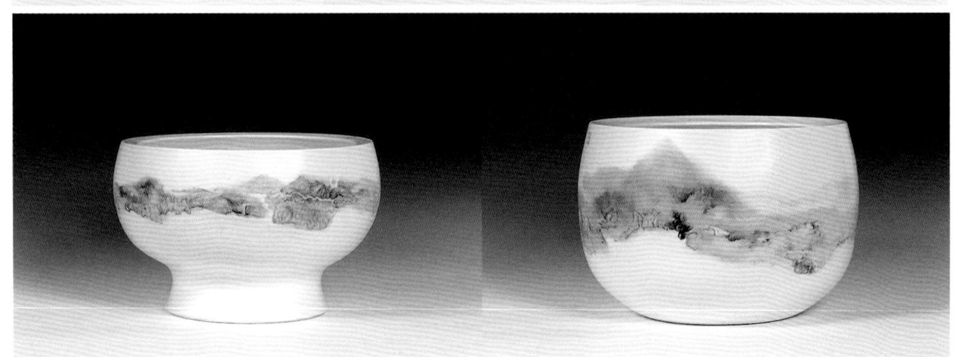

新安梦痕系列

故土深厚，沃生沉朴气质，虽烟云缭绕，却见澄怀质坚。或旷达，或空灵，或简逸，或悠远，或渊穆，几度梦萤，表迹达象，偶于禅境中。

——张国君

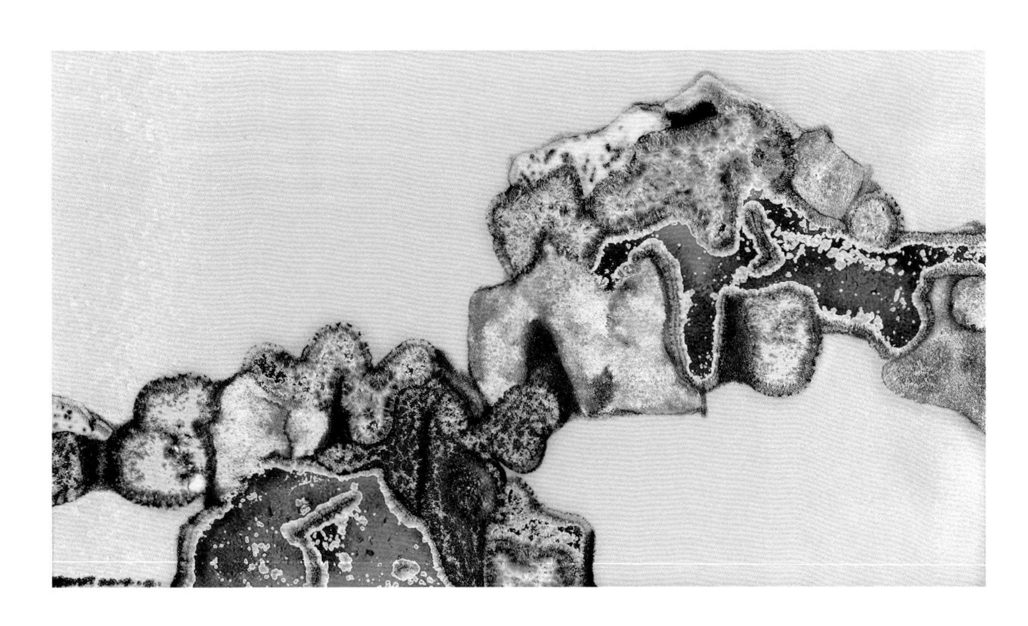

山外系列

造化之美源于初始荒蛮幻化，然后孕育生机。山川启智，复归于平淡，欲重现瑰丽，必将山水置于火中，韬形铸象，以求涅槃，山外现山。

——张国君

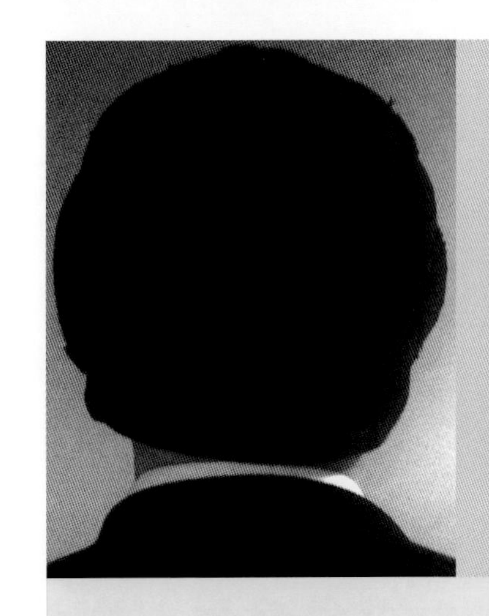

闵向

建筑师，建筑评论者。

毕业季赠言

撰 文 | 闵向

给毕业生赠言，要么煽情，未来一片光明，大好河山待你掌握；要么恫吓，世事艰难险阻，要有心理准备不可乐观。我的看法是，未来的社会和求学时代的学校不是两个完全迥异的世界，这社会的万物万事在表现形式上或许和求学时代不一样，但究其内里的规则和欲望还是一样的，只不过在求学时代，它们被隐藏或者化妆得很好而已。这里我给毕业生三个关键词，这其实是我作为过来人的领悟。

笃定

未来，在这个争先恐后的时代，大多数人在走向人生前途的过程会变成恐慌性溃逃，气喘吁吁地以为自己在与人争先后，其实不过狼奔豕突，不是忙生，就是忙死。所以我说笃定才是在这个泥浆般的世界中重要的气度。笃定的人不会忙乱，不会一叶障目，不会盲从，不会挤在死胡同中声嘶力竭地挣扎。笃定的人不会被裹挟，也不会被非议所乱方寸，在这个拥挤唯恐落人后的世界中，笃定是一种被忘记的优点，或者是一种为人不敢掌握的长处，因为笃定会被当成迟缓。其实，我在这里谈笃定，你们也未必听得进去，因为你们正迫不及待地冲向未来，你们充满饥渴，你们以为自己可以是狼，但忘了大家如果都是狼的话，最后拼的不过是八字而已。我希望你们能笃定地看看将来，慢几步，看远一些，看清楚那些人头攒动的地方，再决定怎么走。

日常

未来，在这个争先恐后的时代，你们中的绝大多数一定还是陷在日常的泥沼之中，但这并不可耻。求学时代的理想是一种宏大的叙事，无边无际，日常则是无数琐碎组成的罗网。你们一定会痛恨日常网住你们理想的翅膀，由此痛恨日常，你们其实不知道日常才是生活的常态，你们会挣扎，会抱怨，会哭泣，会失望，会叹气甚至绝望，你们最后发现根本摆脱不了日常，最后你们大多数人选择了投降，于是自己剪去理想的翅膀，再然后你们几乎不记得有过翅膀，成为泥沼的一部分，最后

据此恫吓后来的年轻人，或者煽动他们不要重蹈覆辙。不过日常是无法因为你们几个人的力量就可以改变的，它既然是生活的常态，那么你们所谓的理想一定是这日常的映射，而不是凭空存在的幻觉。如果不认真对待日常，那理想也不会轻易达成。你们中一部人会在未来的某个时刻顿悟，日常不是你的牵绊，而是你认识自己、修炼自己、达成理想的必由之路。简言之，你的生活不是你理想的敌人，杀死生活或者被生活杀死都是以死亡理想作为代价的。所以在未来，你们根本不必恐惧和讨厌日常。

教养

未来，在这个争先恐后的时代，“教养”被那些利己主义者看成是迂腐的同义词。但我把教养看成一种力量。教养首先是一种约束自己的力量，有教养的人听得见自己内心深处细微的声音，但有教养的人不滥用自己，更不会将自己作为伤害他人践踏他人的武器。教养其次是一种团结他人的力量，有教养的人看得见他人内心深处复杂的波动，所以懂得容纳异见，尊重他人，知道和他人建立平等的契约，负得起责任，担得起期望。教养不是教条，也不是所谓的保守，它更是一种进取的力量，它的武器无疑是美，有教养的人是用美来创建他们的知识和生活，宏大细微无一不是如此，假如他们的世界不够完美，他们会去努力创造一个新的。

我看过一些毕业赠言，那些勇气、创新、挑战教条、追求自由的各种表达方式都是不错的，但是我觉得失去对日常正确认知、没有教养和不笃定的勇气是蛮力，创新是矫情，挑战教条是为了放纵，追求自由则是自私的任性，这些失去限定的鼓励会制造幻觉，幻觉的破灭要么让人失去信心成为虚无主义者，要么让人变成精致的利己主义者。

我原本想写给建筑系毕业生的，但变成了对自己人生的一个阶段总结。我的赠言不太会被多少人接受，不过没关系，到了四十岁以后，你们中会有一些人体会我的领悟，然后重新做些什么，即便四十也不晚。END

陈卫新

设计师，诗人。现居南京。地域文化关注者。长期从事历史建筑的修缮与设计，主张以低成本的自然更新方式活化城市历史街区。

住
——赏心乐事谁家院

撰　文 | 陈卫新
摄　影 | 老散

“赏心乐事谁家院”出自《牡丹亭》游园惊梦中杜丽娘的一段唱词，那是一曲皂罗袍，“原来姹紫嫣红开遍，似这般都付与断井颓垣。良辰美景奈何天，便赏心乐事谁家院？朝飞暮卷，云霞翠轩，雨丝风片，烟波画船。锦屏人忒看的这韶光贱！”在这“赏心乐事谁家院”之前，其实还有一句“良辰美景奈何天”。这是由感而发问，感的是物是人非、时光流逝。我们可以发现，良辰美景都是向外的，而且是从院中向外去的。这种指向性特别能反映出过去人由内及外、由外动衷的感知习惯。坐在夫子庙前秦淮河水边上吃饭，是游客心事，也是本地人向往的。连续的雨，让南京成了泽国。记得似乎是竺可桢讲过，有梅雨的地方即是江南。我想这种关于江南的解释是特别得江南人心的。江南人喜欢水，喜欢怀旧，甚至依从于梅雨中旧庭院散发出来的陈旧的气息。他们一边与外来的朋友抱怨雨季的麻烦，一边泡茶聊天乐在其中。

沉湎于旧事，看起来总有些颓意。但过去人不也讲过类似“不为无为之事，何以遣有涯之生”的话吗。古人早就明白生活品质的重要性。他们要看春夏秋冬四时之变中的景色，要在城市的东西南北中安排或者“编辑”成套系的景观。这些景观不同于私家园林，是大众参与的，熙熙攘攘，俗世繁华。“春牛首，秋栖霞”，是时令意义上的。牛首山是禅宗江表牛头的盛地，周边也有许多南京人的祖坟，一到清明，人流激增，祭祖，踏春，看似两异，其实都是怀旧望新中对于生命的感悟。

在冬季，南京人痴看雪是出了名的。最痴的是张岱写的，“到亭上，有两人铺毡对坐，一童子烧酒炉正沸。见余，大喜曰：湖中焉得更有此人？拉余同饮。余强饮三大白而别。问其姓氏，是金陵人，客此。及下船，舟子喃喃曰：莫说相公痴，更有痴似相公者！”虽是写杭州西湖边的，但似乎更像是南京后湖边的事。万历年间，有南京当地画家画过金陵八景图，其中就有“石城瑞雪”。

过去人虽然不知“城市景观”一词，但他们显然是最懂景观的公共意义的。他们理解景观，尊重自然，并找到最妥当的参与方式与传播方法。细想起来，在中国似乎各地都有“八景”之说的，连我出生的小镇也是有的。可想，只要有人聚居的地方，就会有这痴事。南京城的八景，后来多成了四十八景一套，恐怕也是痴人多了的缘故。大观园中芦雪庵联句，宝玉念

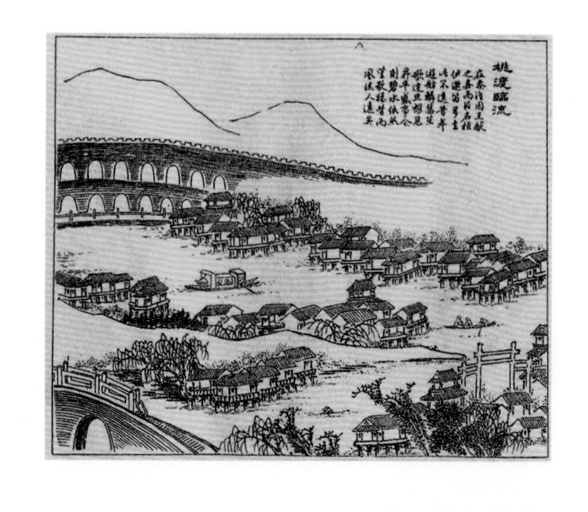

的是“清梦转聊聊。何处梅花笛”，上接黛玉的“斜风仍故故”，下联宝钗的“谁家碧玉箫”。南京人都知道，这梅花笛就是秦淮河上的一个典故。在“金陵四十八景”中有一处“桃渡临流”，指的是两水交流的桃叶渡，左近有邀笛步梅花三弄之说。雪地之中，以笛寻梅，倒也痴得。曾经看过两本不同版本的《金陵四十八景》图册，分别是民国九年与清宣统二年，细读比对，发现格局未变，只是桥栏杆没了。宣统本上有题写，“桃渡临流在秦淮 ，因王献之妾而得名，桓伊邀笛步去此不远，昔年游舫鳞集，笙歌达旦，想见升平盛事，今则碧水依然，笙歌犹昔，而风流人远矣。”看来，这种类似四十八景的东西，对于一座城市的居民是有集体记忆的，是另一种关乎历史关乎审美情趣的传递。

私家宅园内的景观与此类集体记忆的风景是不一样的。宋代的政治氛围相对宽松，文官甚至主持军务，文化精神也普遍追求个性表达，自由、丰富。造园也都是写自然的，写山水精神。明清两代，开始写意，私人园林是在写主人自己的意，这是宅园发展中个体参与度的变化，也是一种私人情感表达的变化。南京的宅园，受太平天国的影响，被破坏程度很大，残留的几乎都有重修的记录，有的园子甚至在城市变迁中消失了，再也无人提及。相反，“金陵四十八景”式的城市记忆传递更加有序，也更加深入人心。这些名称与意象作为一套完整的符号与城市的公共景观叠合在一起。遗憾的是现在城市景观的设计过于局部，过于项目化，缺少内在的文化线索与整体性。也许中国式的自然化景观的褪失，是时代发展的必然，但如果在现代城市化进程中思考一下与城市历史记忆的对应，恐怕也不是坏事。

前些时候在北京，有幸看了故宫漱芳斋一片尚未开放的区域。原状陈设，可以说保存好极，在重华宫乾隆的卧室一时间竟有点感动。那是一个真实存在过的人，皇帝心、书生气，在卧室书房随处可见。翠云馆中终于见到了一种“仙楼”，工艺之美，令人叹服。记得有一联，“自喜轩窗无俗韵，聊将山水寄清音”。这样的院子里自然依旧空无一木，此种寂寞，不知道他是如何“养云”的。如果说一种权力与富有可以让一个自然人实现某种私属意义上的空间情趣，那么，一个城市的历史传承与景观特点如何实现呢。END

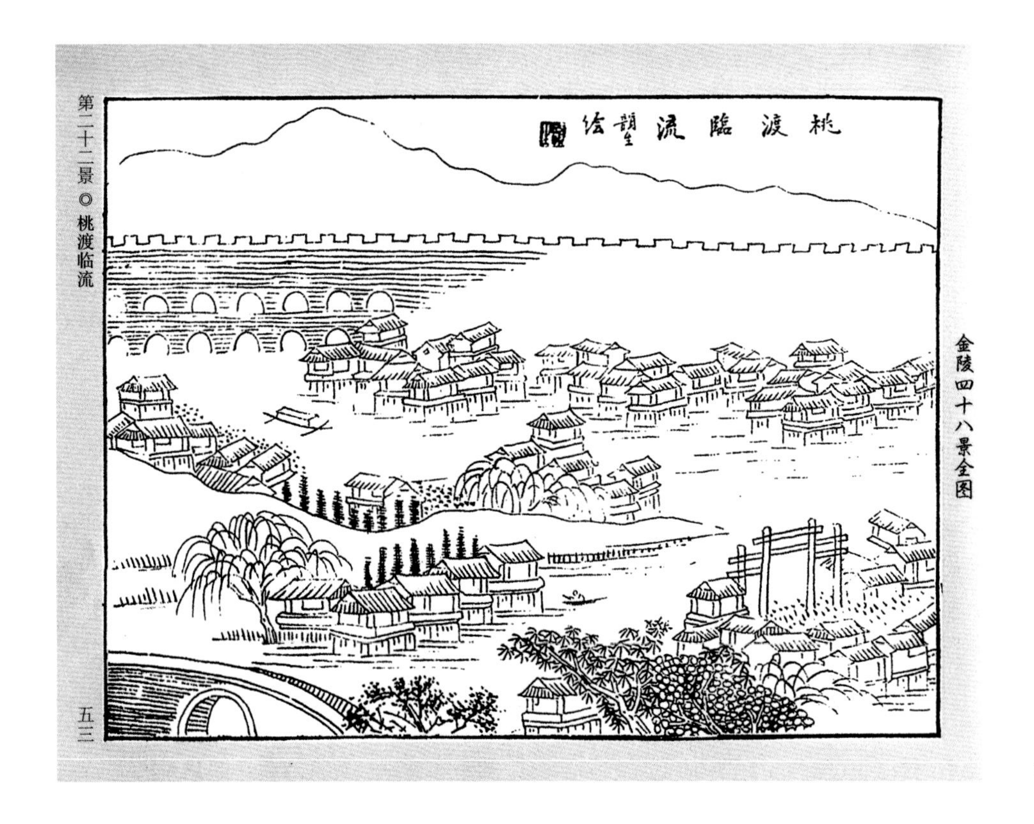

建筑学教师，建筑师，城市设计师。

我对专业思考秉持如下观点：我自己在（专业）世界中感受到的“真实问题”，比（专业）学理潮流中的“新潮问题”更重要。也就是说，学理层面的自圆其说，假如在现实中无法触碰某个“真实问题”的话，那个潮流，在我的评价系统中就不太重要。当然，我可能会拿它做纯粹的智力体操，但的确很难有内在冲动去思考它。所以，专业思考和我的人生是密不可分的，专业存在的目的，是帮助我的人生体验到更多，思考专业，常常就是在思考人生。

台湾纪行 I
游走台大

撰　文 | 范文兵

夏日里三十多度的闷热天气中，一大早赶到台湾大学，在当地建筑学者王俊雄的引领下，游走校园看建筑。

甫一见面，王先生就自嘲道：台大从世界排名前一百，已经落到前二百了。我心中的第一反应其实是，如此看来，台大可以不用天天看着排行榜焦躁度日，安心做些学问了。

上午十点到下午三点，游览了台大几个重要建筑，它们在台湾建筑发展史上具有同样重要的代表意义：从最早的日本殖民时期建于 1922 年的古典风格的台大文学院，到最新的于 2013 年落成，伊东丰雄 / 邱文杰设计的社会科学院新建工程。其中，重点考察了探索现代建筑与中国传统结合的建筑师王大闳，在不同时期的几个作品。

作为来自大陆的专业人士，有很多感受，其中包括：

1）两岸建筑界在 1950 至 1970 年代期间，目标非常一致，都试图将西方现代主义与中国传统进行结合，但由于时空差异，方法、角度颇有不同。大陆这边是在大一统思想引领下，基于巴黎美术学院传统、微弱零星的现代主义力量以及民族主义情绪，展开偏风格化、象征性图像处理路径，台湾则是以源自 1940、1950 年代的美式现代主义做基础（与欧式现代主义不同，美国坚持巴黎美院体系时间长于欧洲，直到第二次世界大战才引入欧洲现代主义），在多种社会思潮影响下，同时展开风格化象征语汇（如大屋顶的国父纪念馆）与本体语汇转译（结构、材料）并行的双重路径。进入 1980 年代，在后现代思潮影响下，大陆正逢反思年代，台湾恰巧本土回潮，两岸殊途同归地采取向传统汲取形象符号的做法：在大陆，不分大江南北，大家倾向于引用一种想象中的“中国传统”（坡屋顶、木构民居），台湾则侧重关注地域传统语汇的引用与转译。

2）台湾建筑明显受到日本的持续影响。除去早先日治时期，1980 年代，以象集团为代表的日本建筑将对地域建造工艺的关注带给了台湾建筑界，影响到台大，校园里很多采用洗石子、红色十三沟面砖的建筑。

3）台湾建筑明显受到美国的持续影响。特别在 1980 年代以后，美国不同时代的风潮几乎都可以在台大不同时期的建筑中找到相应的体现。

4）与大陆一样，台湾当代本土建筑语汇在艰难中孕育着。但随后的宜兰、台中之旅则提醒我，建筑语汇能否本土化，与建筑本身创造的生活能否本土化、在地化，并没有必然联系。

除去上述专业感想，作为在大学校园中工作、生活多年的人，台大校园里一路游走看到的很多场景，也引起我一些关于大学、关于教育的联想。

台大校门旁，献血场景

学生们平静地坐在献血车旁，边看手机边排队，如同平日里一个再普通不过的

台大文学院

社会科学院新建工程

王大闳作品

献血场景

傅园

农业陈列馆

学生cosplay游戏

工学院综合大楼内景

校园内商户场景

共同教学馆

日常活动。在这里，献血是一个个体的自我选择，是一个普通公民为社会应尽的日常责任之一，平静、安静、日常，不需要拔高到“奉献”，也不会危言耸听到“危及健康”。

傅园（1951年，台大营缮组设计）

这是台大校长傅斯年的安葬之地。设计寓意很明显，用代表西方文化起源的的希腊帕提农神庙，象征傅校长对西学的引入，屋顶则采用了中式的绿色琉璃瓦，应和中西合璧之说。作为任职不到两年的第四任台大校长，在校园中专辟园地建造纪念园，受到如此隆重对待，应该与人们感念他在任期间，能够包容异己、敢于抵抗压力、坚持学术独立的自由主义倾向分不开。他人格中有一种从容、探索、无畏的力量，不似当今很多大学长官，本质上只是一个行政机器，只知数字排行，疲于奔命在今天一个指标、明天一个口号上。

农业陈列馆（1964年，张肇康设计）

虽然建筑师用了诸如“把西式古典建筑的三段式构图（台基、立面、屋顶）与中国传统建筑进行结合”的象征说辞，但建筑形象非常现代、抽象，是基于现代主义理念的“中国式转化”。台大能够选择这样一个基于现代视野对传统建筑的探索，说明主事者有文化意识、懂行，具有真正的选择能力，知道什么样的人在合适的位置、恰当的时间点上，能够留下具有历史价值的印迹。这个建筑作为现代主义建筑与中国固有传统结合探索的奠基之作，引领了一系列有追求的建筑师在台大校园中殚精竭虑、一争长短。

学生cosplay游戏

在一座教学楼的入口，我看到一个学生穿着孙悟空的全套服装，在闷热的天气里，耐心等待着前来提出问题的人。我问他话时，他一脸认真，一丝不苟地细心解答，我要拍照，他立时摆出最认真的姿势。这让我不由得想到，我个人现在遇见的很多学生，常常一入学就问，这个专业好找工作吗？或是请求重新修课一次刷个高分好在出国申请时拿个好学绩点，或是什么有助于工作、考研就做什么，其他的决不浪费精力……而诸如此类年轻疯狂、单纯幼稚的新文化形态、有趣的生活体验，在那些“早熟的人生计划中”，早就夭折无踪影了。

工学院综合大楼内景

匆匆路过的一个教学楼。一眼望去，室内气氛非常得体：简朴但不简陋，大方但又平易近人，知道时尚潮流但懂得适度节制……而不是现在很多校园中看到的，或粗糙如豆腐渣应付工程，或华丽堂皇如土豪附身金光闪闪，或乏味地如同一个官僚办公楼，或时髦地乱跟各种潮流、乱用各种流行语汇生怕被人说不够与时俱进，失去了基本的秩序定位与文化自信心。

校园内一些商户场景

这些商户都很自然地融入到校园场景与生活当中，让我可以感受到，这个学校善待着校园生态系统中的每个个体，让身份各异的人们，都有着平等的尊严并以整洁面貌出现，这既可以促进不同人群的平等交流，也通过对日常生活场景的认真对待，传递出一种精致认真的生活美学、平等和谐的价值观。而不似当下很多校园，校长行政办公楼屹立在中轴线富丽堂皇，围墙高高耸起将学校包裹成一个与城市毫无关系的真空地带，这样的校园中，几乎所有的餐饮、后勤空间，都是将就着、对付着、脏水横流着、墙壁肮脏着。

共同教学馆（1984年，王立肃、李俊仁设计）

这个教学楼明显造价不高，但即使如此，仍然会以人为本、以学生活动为出发点，在空间布置、家具设计上，精打细算，造就亲人尺度，鼓励人际交流，体现出一种倾身关注人的姿态。而不是将钱用在立面门面上、内里随便应付，或者过几年就频繁更换最新教具、最新家具，反而造成很大的浪费。END

亚平宁建筑之旅 关于卡洛·斯卡帕

撰文、摄影 | 潘冉

莫霍利·纳吉认为："人们永远无法通过描述来体验艺术。解释与分析不过是一种知识的储备。不过这能鼓动人们与艺术进行亲密接触。"卡洛·斯卡帕（Carlo Scarpa 1906—1978），一位没有追随者的大师，他的作品必须身临其境才能感受到令人感动的力量。

一直非常抗拒写游记，别人的游记诚实说也很少去读。旅行是非常寻常、私密的行为，就像不会刻意记录每天的食谱，途中经历也应该随着时间而消化，留下的被吸收默默发挥着影响，其余则被磨灭、忘却、遗失在角落。经常会出去走走，也参观过不少优秀的建筑作品，至今只有两次面对建筑瞬时泪流满面。一次感动于黄昏光晕中的朗香，另一次便是被 Brion 墓园强大的精神力量撼动，流连往返、迟迟不肯离去。亚平宁这十三日起初是为米兰世博会和威尼斯双年展安排的时间，却被这个对细节追求到类似有强迫症状的老爷子震撼了心灵。末了还是觉得应该写点什么以纪念这位大师送给我的惊艳。

拜伦曾经这样赞叹："忘不了威尼斯曾有的风采，欢愉最盛的乐土，人们最畅的酣饮，意大利至尊的化妆舞会。"这个戴着精美面具的城市为绘画和艺术创作提供了阳光灿烂的充满自信的环境。由于其特殊的地理位置，从古至今威尼斯一直保持着其商业的繁荣、宗教的自由、文化的合璧。百岛城古迹众多，到处是画家、作家、音乐家和建筑家留下的著作。20 世纪，南欧地区受印象主义及后印象主义风格影响较大，使得艺术家们对作品的表达更关注艺术本身，偏重艺术形象的感性表现。卡洛·斯卡帕在这座水城度过了一生中的绝大部分时间，他的作品扎根在文化背景下，沁染着传统气息。风格派影响了他的构成系统，东方文化的影响使得斯卡帕的建筑更具备区别于同时代其他建筑的沉静雅致。

Castelvecchio 城堡博物馆——半遮面的遗憾

Castelvecchio 位于维罗纳阿迪吉河畔（Adige River，Verona），始建于中世纪。14 世纪由统治者斯卡拉家族建造完成。18 世纪改为威尼斯陆军学院；19 世纪遭遇战火摧残，在居住院落建造了一座 L 形的新古典建筑用作防御工事及营房。一战结束后，于 20 世纪 20 年代改为陈列该地区中世纪艺术的博物馆使用。20 世纪 50 年代中期，卡洛・斯卡帕着手主持该项目设计，终于于 20 世纪 70 年代完成了整个工程。

由于周一博物馆闭馆维护，我们只能从外部领略它的风采。显然，斯卡帕在改造中，力求通过梳理建筑的片段，使各个历史的层面真实地展现。传统的威尼斯磨光硬水泥抹面、熟石灰抹面，与原有的粗糙墙体带着自身的历史特征形成差异效果，毫不掩饰地在同一时空内互相凝视。在处理交界关系上，使用了斯卡帕的惯用驳接手法，留设出一道低于建筑表面的缝隙，突显临界，强调新旧。在桥与建筑交接处的小庭院，斯卡帕将 Cangrande 骑马雕塑作为空间焦点，放置于庭院上空的水泥平台之上，掀起一个局部空间的小高潮。

斯卡帕保留了威尼斯人的特有习惯，在同一幢建筑上，即使某一个部位的外皮曾经脱落了，或者窗户的位置经过了变动，他们不会掩饰过往残缺，反而会清晰地留下历史上曾经经过修缮的痕迹。于是形成现在墙面的斑驳质感。天空湛蓝、日光强烈，质感粗糙的历史墙面将玻璃衬托出宝石般的光泽，赞叹之余，谁又知晓这个闻名于世的建筑艺术大师早年也曾经是威尼斯最好的玻璃匠人？

威尼斯本土盛产一种微微泛着粉红的大理石（搜集资料猜测为 Istrian stone，尚不确定），自古当地的大部分石刻艺术都使用这种材料作为创作的物理载体，斯卡帕通过现代感极强的黑色钢质的框架，将粗糙的大理石牌碑序列展示。色彩的反差、材料差异性的并置形成了神奇的视觉效果。通过突出强烈的年代差异，塑造出建筑空间氛围的历史层次。

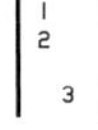

1-3 Castelvecchio 城堡博物馆

Brion 墓园——生与死的终极浪漫

Brion 墓园位于特莱维索（Treviso）附近的桑·维多。基地面积约为 2200m^2，大体呈 L 形布局。与桑·维多公墓，结合成统一区域。在墓园公路入口下车，沿着碎石林荫道行走约 15 分钟，墓园的矮墙渐行渐近。矮墙略向内倾的形态，暗示了墓园内部主题与现实世界的距离。两段倾斜围墙交接的部分选用了类似中国“喜”字装饰性镂空图案进行虚体转折。

去往墓园参观的人，入园之后，徜徉之前需要稍作停顿，清空已有对建筑的认知，方能享受到斯卡帕的创造力之美。笔直的道路、几何化的布局、人为规划的水系将整个园区规划成水池、墓地、礼拜堂三个部分。在这个看似由西方数学逻辑思维主导营造的空间里，意外地融合东方园林的特点，使用了絮语化的笔触，以漫游似的布局将情怀缓缓叙述。感受不到对死亡的暗叹和恐惧，也体会不出对生命的向往和渴望，只剩下巨大的安宁；在这里生死间不再有巨大的鸿沟，死亡并没有被设定为人生之外的东西，在这里，死作为生的一部分得以永存。

在斯卡帕的设计生涯中，赖特和路易斯·康两位大师对他产生过很深远的影响。墓园这部作品更贴近康的气质。康所一直拥有深沉的古典气质，斯卡帕亦是古典的，他的思想早已超越了功能主义的设计，用画笔缓缓描述着自己仿佛来源于中世纪的极度浪漫。他将墓主人夫妻的棺木以桥覆盖，确切来说可能更贴近于一种混凝土拱券。拱券下的棺木微呈角度对放，“两个人在生前相互敬爱，死后也应该在地下相互致敬”。他这么以为。

在人们惯性思维中，要默认没有路径的园林是很困难的一件事情。墓园中除了主要引导路线，几乎没有设置任何小径，这在现代的思维中完全不可思议。在这里可以体验到一种类似于日本枯山水的氛围。那是一个不需要打扰的空间，人们从远距离观赏便可，各种“死径”的设定配合景框元素的设计，使人的视线到达身体所不

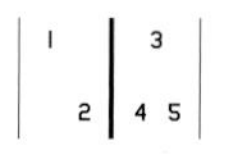

1–5 Brion 墓园

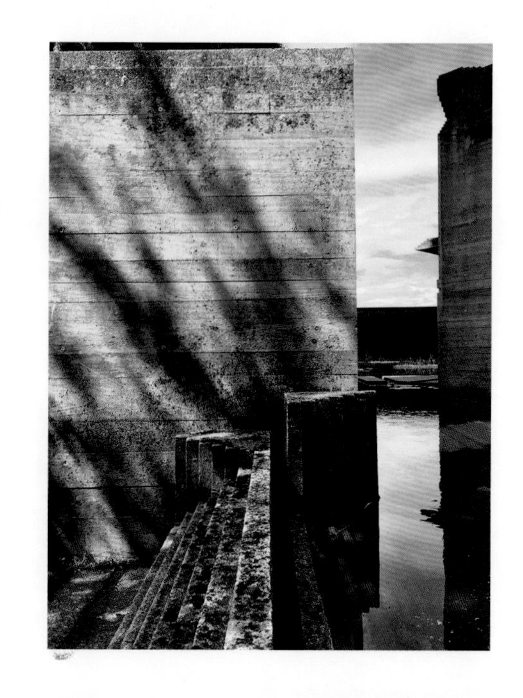

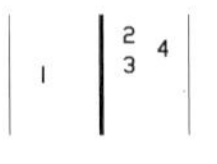

1-4 Brion 墓园

能及的地方。

斯卡帕的建筑与现代主义建筑拥有很多共同点，他们都采用纯粹的几何语言，都会采用简洁的方式塑造建筑，建立建筑的形式秩序；而斯卡帕最具自身特点的，是他丰富的图像世界，图像在形式上的自主性和非指称性是其设计的重要特征。斯卡帕的形式充满着符号的意义，并没有特意的具体隐喻或所指，就像他镂空的“喜”字并不带有其实际中文意义，图形只是主体的自我表达、建筑形式表达的需要。

在这里我们能欣赏到贯穿于斯卡帕大部分作品的形式母题之一——5.5cm×5.5cm 的模数线脚。檐口、腰线、柱体、水池、花坛等等部位，斯卡帕反复使用这种叠涩线条作为结构、节点的装饰。在室内空间，斯卡帕依然不断变化着材料，改变尺寸、位置和尺度，对此母题反复咏唱，以达到整个体系的统一性和完整性。

此外便是著名的“相交的圆环”。双圆叠加，一蓝一红，一边海水一边火焰。同行好友理解为生生不息的阴阳之说，私略觉勉强。只觉得确实感知到有这样两只眼睛，暗示着另一个空间的存在，引导我们从生的现实洞悉到河流的另一端。

对于墓园里最重要的建筑——教堂，斯卡帕花费了很多笔墨。进入教堂要经历一个非常迂回的过程，一系列材料的过渡、空间的转折，最后通过一个上不封闭的圆形洞口。整个设计有预谋地给心理意识设置了层层虚幻的关卡。设计仍然吟唱叠涩主题，墙体的剖面化体现出墙体的厚度感，混凝土的石板化质感处理勾显出建筑表面质感。阳光穿透深厚的墙体落在地面，漫射在空气中，安静清冷富有神性。

1 2 | 3 4 5

1-5 Stampalia 基金会

Stampalia 基金会——叠加后的艺术馆

由于时间的原因，与举世闻名的光之美术馆 Possagno 失之交臂。Stampalia 基金会的顺利参观多少给受伤的心灵带来一丝安慰。这个于 18 世纪建成的宫殿，斯卡帕在两个世纪后完成了对其底层和花园的修复工作。

在园林水系中，迷宫图案这一次成为了母题线索。几乎跨越了整个园林的水流形成了一个水的迷宫，水流从源头的方形大理石迷宫逐步跌落直至尽头的圆形混凝土迷宫。

在建筑处理上，斯卡帕将底层空间整体打造出一层新的表皮，但并不进行完全的封闭，使得人们能够通过外在表皮去观察到建筑的原始内里，充分地展现出斯卡帕的驳接艺术。新与旧之间、面与面之间、材料与材料之间都细致地进行了“缝”的处理。这里的“缝”我们尝试从两个方面进行理解。从建筑工法来看，这种技术处理强化了各要素之间的组合感，犹如机器由各个零件组装而成，此时建筑也成为一部巨大的机器。从精神感受上来看，斯卡帕善于将一些新的材料、新的界面叠加于历史建筑之上，缝隙恰似交叠时间之间的裂痕，成为新旧对话的介质，我们从中窥探，引发出强烈的怀旧情绪和历史的责任感。

斯卡帕的设计强调细部，尤其对节点及其装饰性能有着狂热的追求，坚持颂扬“上帝也在细部之中”的论调。 他的作品不分室内与室外，不分建筑与家具，全部打上了特有的细节符号。但凡是他的设计作品都具有强烈的可识别性。偶遇的小桥、用于展出艺术品的画架、池边维护的构筑物，都和它们的创造者一样固执地展现着自己的个性。

因而，有些人也会产生斯卡帕作为“匠人”比建筑师更贴切的想法。其实早在包豪斯宣言中，便清晰地对艺术家进行了定义——“艺术家只是一个得意忘形的技师，在灵感出现并且超出个人意志的那个瞬间片刻，上帝的恩赐，使得他们的作品变成艺术的花朵。”斯卡帕的作品是一种由各种美观共同组合的实体。他用建筑、雕塑和绘画三位一体塑造出美的殿堂。卡洛·斯卡帕枯萎在东方的旅途中，安眠于自己最伟大的著作中，是一位令人敬佩又心生羡慕的先驱；所谓没有追随者，可能只因他无法被追随吧。

Library

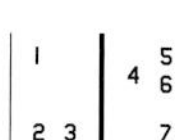

1–3 小桥、画架、池边维护构筑的细部

4–6 Olivetti 商店

7 威尼斯的商业街道

番外——威尼斯的商业街道

距离离开威尼斯还有20分钟的时间，忽然听闻Olivetti商店就位于距离当下五分钟路程的不远处，果断弃下行李一溜烟跑了去。在圣马可广场众多商业建筑中，斯卡帕的建筑语言非常独特，易于辨识，可惜似乎已多日没开业经营，只能隔着玻璃领略下其最表象的风采。回国的途中不忘搜集Olivetti的资料学习，惊诧地发现虽然经过半个世纪的时间洗涤，这个经典的作品跨越了时间的鸿沟仍保持着它才落成时的模样，向世人展现着它优雅的姿态。

不禁联想到我们身边的商业街道。因为商业街道是公众活动最活跃也是最脆弱的地方，所以它往往非常容易受到城市变迁的冲击而发生改变。在我们国家，由于种种因素的影响，构成街道的许多历史信息会被冲击、掩盖或者彻底遗失。一个个街区的推翻重建似乎被我们认为是理所应当的。对比而言，即便是在欧洲以奢侈著名的威尼斯人，对待老建筑的态度也更加尊重、体贴。他们尊重历史的痕迹，并以此为豪。于是，街道的“基因图谱”脉络非常地清晰，有时仅仅依靠建筑本身便可以记录人们的改变和环境的变迁。当地人拥有着深沉的历史怀旧情绪，对于已有建筑艺术更充满自信。与之相比，我们轻易将一栋栋建筑推倒粉碎又迫不及待地反复新建，问题到底出在了哪里？ END

勒·柯布西耶：巨人的建筑
LE CORBUSIER, MODERN ARCHITECT GIANT

部分摄影 | 叶铮
资料提供 | 华·美术馆

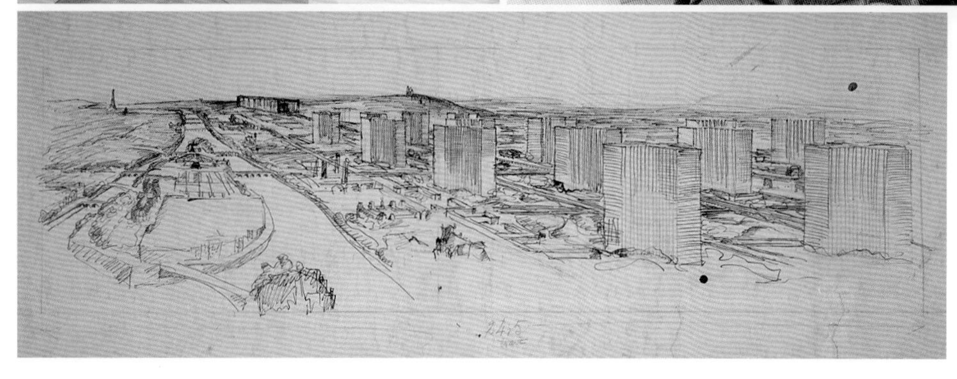

1 萨伏伊别墅 © 叶铮
2 展出的柯布西耶艺术作品
3 柯布在工作室
4 "光明城市"理念手绘稿

勒·柯布西耶（Le Corbusier，1887年10月6日-1965年8月27日），原名Charles Edouard Jeanneret-Gris，是20世纪最重要的建筑师之一，是现代建筑运动的激进分子和主将。他和瓦尔特·格罗皮乌斯（Walter Gropius）、路德维希·密斯·凡·德·罗（Ludwig Mies Van der Rohe）并称为现代建筑派或国际形式建筑派的主要代表。

今年是勒·柯布西耶逝世50周年，至2015年7月31日，"勒·柯布西耶——巨人的建筑"在深圳华·美术馆展出。作为"2015中法文化之春10周年"及"OCAT十年"庆典项目之一，这次展览亦是柯布西耶在中国大陆的首展。其中展出的，除了柯布西耶独具代表性的建筑设计之外，还包括出自柯氏之手的家居设计、文论专著以及鲜有中国观众接触过的柯布西耶绘画与雕塑创作等共计200多件作品。

展览将分为"建筑史-城市史"、"文学史-艺术史"、"社会史-生活史"、"走向艺术的综合"四个平行而互相渗透的层面，从柯氏生涯四个交织相错的方面，向观众们展现柯布西耶"巨人"视角下的建筑哲学、城市理念和创作生活。这次的展览空间是一次对华·美术馆空间的柯布西耶式解读。作为本次展览的内在空间逻辑的原型，柯布西耶早年设计的萨伏伊别墅（The Villa Savoye）和拉图雷特修道院（Convent of La Tourette）的设计理念将贯穿整个展览。

惹人注意的不仅是柯布西耶独到的建筑哲学，他一生所创作的艺术作品亦是艺术史上不得不提的一笔。因为孩提时代对艺术的兴趣，柯布西耶开始涉足建筑设计行业。他一生除睡眠之外有一半的时间花在绘画与雕塑上，并因此在现代艺术史上几乎独自占据了"纯粹主义"这一章节。虽然纯粹主义不能涵盖他所有的绘画，更不用说他的雕塑了，但可以说，没有他的艺术创作，当然还包括被他自称的"文学家"身份，柯布西耶不可能创造出如此撼人心魄的伟大作品。也正因为如此，柯氏晚年教导后辈要学习"主导艺术的综合"。

在国内对柯布西耶雕塑、绘画的译介与研究几乎空白的背景下，这次展览中，包括其各个时期的油画、速写、素描、版画和雕塑等丰富的柯氏艺术创作，将不失成为一个探索更立体的柯氏的机缘。

展期：2015年6月14日~7月31日
地点：中国　深圳 华·美术馆
总策展人：白宇西 END

「上下」全新"大天地"碳纤维椅上市

近日，"Flying Chair 让椅子飞"展览在上海「上下」之家隆重开幕。此次展览不仅展出从传统明式椅到当代设计的「上下」"大天地"系列，2015 年 6 月初在法国巴黎设计师日发布的全新碳纤维椅，也将首次亮相上海。传统家具中的霸王枨演变为椅面与四足连接处的镂空结构，圆润剔透如同天然太湖石的孔窍玲珑，优化力学结构的同时，也增添灵动趣味。与木作家具同样细致的手工打磨，保证每一处细节的光润匀称。椅面覆有荔枝纹牛皮，增加舒适度和实用性，为使两种材质结合服帖平整，需经验丰富的工匠一次贴合完成，不能有任何差错。极致纤细的结构，却有异常坚固的特性，碳纤维椅子可承受 200kg 的压力，自身重量却只有同等规格木质家具的五分之一。"大天地"碳纤维家具将明式风骨融于现代感的简约线条之中，巧妙地演绎了传统与现代，轻盈与坚固。

现代设计集团第六届科技大会

2015 年 6 月 15 日，现代设计集团第六届科技大会在现代设计大厦举行。上海市相关委办局和部分高校、协会等单位领导出席了本次大会。大会紧紧围绕"创新"这个中心，通过一系列技术成果展览、专题学术交流会以及评选集团"科技精英"、"科技进步奖"等活动，彰显"科技引领发展，创新铸就未来"的主题。

会议当天，集团领导与参会嘉宾共同为国家认定企业技术中心、现代设计集团上海建筑科创中心、现代设计集团建筑工业化技术研究学科中心、现代设计集团创作研究中心揭牌，这标志着集团将建设高端创新集群、打造引领国家行业发展的技术高地。现代设计集团党委书记、董事长秦云在讲话中表示，今后将紧急抓住科技创新和产业变革的历史机遇，以集团上市为契机，牢牢把握行业科技发展大方向、产业变革大趋势、争做创新发展先行者。

科勒第二届"敢创设·界"亚太设计论坛在上海举行

在极简主义生活方式重新回归的今天，科勒将经典与现代元素相结合，将人文主义关怀寓于跨越时间与空间的设计之中，继续引领全球厨卫设计的潮流。2015 年 6 月 3 日，科勒与《安邸》杂志共同举办的亚太设计论坛在上海举行。来自室内设计界的专业人士通过层层灵感碰撞，一同探寻科勒美学功能背后的设计秘密。作为出任集团 CEO 之后的首次中国行，大卫·科勒先生介绍集团发展的新规划，并以全新视角解析了科勒产品设计的发展方向，"不论开发任何行业最优秀产品，灵感都是一个先决条件。""科勒将延续美式极简的风格和对科勒产品的每一个细节完美的苛求，打造出引领时尚优雅生活的优质产品。"

璞素乔迁新址

自 2011 年创始，"璞素"已走过四个年头，位于常熟路的空间记录下了"璞素"成长的点滴。"朴素，而天下莫能与之争美"。作为一个原创家居设计品牌，"璞素"始终未改初心，审慎地抽取宋明文人生活的情怀，坚持以传统手工榫卯的方式打造每一件家具。取材自然，细节考究，并结合现代生活起居习惯，四年的孜孜探索与沉淀，带来了 70 多件独具"璞素"气质的家具作品，也逐步获得了市场和业界的认可与嘉赏。新的展厅空间位于深具人文底蕴的上海愚园路 753 号 D 栋 1 楼，由主创设计师陈燕飞先生亲自规划设计。在此，"璞素"将一如既往地举办高品质的艺术人文活动，继续与您交流分享。

第二十一届中国国际家具展览会

第 21 届中国国际家具展览会仍将在位于上海浦东的新国际博览中心和世博展览馆同时展出，展期为 9 月 9 日至 12 日，来自 25 个国家和地区的近 3000 家企业参展。此次家具展的亮点：全球现代民用家具展商最多的展会；浦东展区为观众带来更多元和国际化的选择；"我的态度"——集设计元素的各类活动展览；中国国际家居设计周（9 月 9 日至 15 日）将 4 天的展会延至一周；产业集群群英亮相世博馆；主题展推动上下游大家居完整产业链（FMC 两馆联动，将探讨机器换人可能性、饰品企业转型整体家居服务、办公家具韩国展团吹响集结号）。

万和昊美艺术酒店开幕

万和昊美艺术酒店是万和酒店控股集团（ONEHOME）旗下的第三家酒店，这是一家耗时 5 年耗资 10 亿精心打造的艺术全融合酒店。华裔设计师高超一与日本设计师小川训央等设计的餐厅及其他空间颠覆了传统空间思维，倾心打造的全球首家景泰蓝博物馆餐厅。AP 艺术酒吧则结合当代摄影、影像、cosplay 艺术家的作品，每年 6-8 个展览更替，每次来都有全新体验；Art Shop 图书馆，存放有国内外几千册艺术设计类图书供阅读。除了一般艺术客房外，还设有安迪·沃霍尔、毕加索、克林姆、达利等 15 间艺术大师房，里面陈列大师素描、版画等作品。三楼的公共空间还展出 20 世纪伟大的艺术家博伊斯的装置作品。艺术 7 星、标准 5 星的昊美融合了 120 位艺术家 + 顶级设计师一共 500 多件的艺术品 + 设计品，创造全新体验的艺术酒店，积极传达昊美，"舒适一日、艺术一天"的理念。